기초조리실무

최영진 • 강윤구 • 천성진

백산출판사
BAEKSAN Publishing

머·리·말

모래위에 지어진 집은 쉽사리 무너지는 법입니다.

최고의 조리사를 꿈꾸고 있다면 조리의 가장 기초가 되는 여러 기술과 지식을 익히는 것부터 시작해야 합니다.

지금 당장 흥미가 없고 힘들다고 해서 기초기술을 홀대하여 보여지는 요리에만 전념한다면 모래위에 지어진 집처럼 쉽사리 무너지고 맙니다.

최고의 조리사를 가슴에 품고 일하고 있는 후배 조리사님들과 이제 막 조리사가 되기 위해 조리공부를 하고 있는 후배 조리학도들에게 좀더 기초와 기본에 충실하라고 당부하고 싶습니다.

조리의 기초기술과 지식을 습득하고, 실천함을 통해서 반석위에 세워진 집처럼 오래도록 무너지지 않고 굳건히 서 있는 조리사로서 성장하길 바랍니다.

이 책이 비록 부족한 점이 많으나, 이 책을 통해서 조리의 기초를 쌓아가게 하는 책이 되길 희망합니다.

이론적인 조리실무가 아닌 실무조리 기술이 될 수 있기를 희망하며, 실무경험과 교단에서의 경험을 토대로 본 서를 집필하게 되었습니다.

아무쪼록 이 한권의 책으로 조리사로서의 기본 소양을 전부 익히고 배울 순 없지만 자그마한 보탬이 되기를 희망합니다.

저자들 또한 실무조리사의 선배로서, 교육자로서 학생들에게 기본에 충실하게 교육하고, 허황된 비젼을 심어주는 것이 아니라 현실을 직시해 비젼을 품고 계획을 세울 수 있도록 최선의 노력을 다하겠습니다.

끝으로 저자 일동은 후배조리사와 조리사를 꿈꾸고 있는 학생들에게 꿈을 실현시키게 도와주는 촉진자로 서겠습니다.

2008. 2.

저자 일동

차 • 례

제1장 조리실무 기초 이론편

제2장 조리실무 기본편

차 · 례

제3장 조리실무 기초 실기편

· 응 · 시 · 자 · 격 ·

기술사 (다음 각 호의 1에 해당하는 자)

1. 기사의 자격을 취득한 후 응시하고자 하는 종목이 속하는 직무분야(노동부령으로 정하는 유사 직무 분야를 포함한다. 이하 "동일 직무분야"라 한다)에서 4년 이상 실무에 종사한 자.
2. 산업기사의 자격을 취득한 후 응시하고자 하는 종목이 속하는 동일 직무분야에서 6년 이상 실무에 종사한 자.
3. 기능사의 자격을 취득한 후 응시하고자 하는 종목이 속하는 동일 직무분야에서 8년 이상 실무에 종사한 자.
4. 4년제 대학 졸업자 또는 이와 동등 이상의 학력이 있다고 인정되는 자(이하 "대학졸업자 등"이라 한다)로서 졸업 후 응시하고자 하는 종목이 속하는 동일 직무분야에서 7년 이상 실무에 종사한 자.
5. 기술자격 종목별로 기사의 수준에 해당하는 교육훈련을 실시하는 기관으로서 노동부령이 정하는 교육훈련기관의 기술훈련과정을 이수한 자로서 이수 후 동일 직무분야에서 7년 이상 실무에 종사한 자.
6. 전문대학졸업자 또는 이와 동등이상의 학력이 있다고 인정되는 자(이하 "전문대학졸업자 등" 이라 한다)로서 졸업 후 응시하고자 하는 종목이 속하는 동일 직무분야에서 9년 이상 실무에 종사한 자.

※ 4년제 대학 전 과정의 1/2 이상을 마치고 9년 이상 실무에 종사한 자도 포함

7. 기술자격 종목별로 산업기사의 수준에 해당하는 교육훈련을 실시하는 기관으로서 노동부령이 정하는 교육훈련기관의 기술훈련과정을 이수한 자로서 이수 후 동일 직무분야에서 9년 이상 실무에 종사한 자.
8. 응시하고자 하는 종목이 속하는 동일 직무분야에서 11년 이상 실무에 종사한 자.
9. 외국에서 동일한 등급 및 종목에 해당하는 자격을 취득한 자.

· 응 · 시 · 자 · 격 ·

기능장 (다음 각 호의 1에 해당하는 자)

1. 응시하고자 하는 종목이 속하는 동일 직무분야의 산업기사 또는 기능사의 자격을 취득한 후 기능대학법에 의하여 설립된 기능대학의 기능장 과정을 이수한 자 또는 그 이수예정 자.
2. 산업기사 자격을 취득한 후 동일 직무분야에서 6년 이상 실무에 종사한 자.
3. 기능사의 자격을 취득한 후 응시하고자 하는 종목이 속하는 동일 직무분야에서 8년 이상 실무에 종사한 자.
4. 응시하고자 하는 종목이 속하는 동일 직무분야에서 11년 이상 실무에 종사한 자.
5. 외국에서 동일한 등급 및 종목에 해당하는 자격을 취득한 자.

산업기사 (다음 각 호의 1에 해당하는 자)

1. 기능사의 자격을 취득한 후 응시하고자 하는 종목이 속하는 동일 직무분야에서 1년 이상 실무에 종사한 자.
2. 다른 종목의 산업기사의 자격을 취득한 자.
3. 전문대학졸업자 등 또는 그 졸업예정자(2학년에 재학중인 자 또는 1학년 수료 후 중퇴자를 포함한다) ※ 4년제대학 전 과정의 1/2 이상 마친 자도 포함.
4. 기술자격 종목별로 산업기사의 수준에 해당하는 교육훈련을 실시하는 기관으로서 노동부 령이 정하는 교육훈련기관의 기술훈련과정을 이수한 자 또는 그 이수예정 자.
5. 국제기능올림픽대회나 노동부장관이 인정하는 국내기능대회에서 입상한 자와 기능장려법에 의하여 명장으로 선정된 자. ※ 입상한 자의 범위는 1, 2, 3위를 말함.

· 응 · 시 · 자 · 격 ·

6. 응시하고자 하는 종목이 속하는 동일 직무분야에서 2년 이상 실무에 종사한 자.
7. 외국에서 동일한 등급 및 종목에 해당하는 자격을 취득한 자.
8. 학점인정 등에 관한 법률 제8조의 규정에 의하여 전문대학졸업자와 동등의 학력을 인정받은 자 또는 동법 제7조의 규정에 의하여 41학점 이상을 인정받은 자.

※ 정규대학 재학(휴학) 중인 자는 해당되지 않음
(학점인정법률에 의한 학점 이수자는 고등교육법에 의거 정규대학 재학 또는 휴학 중인 자는 해당되지 않으며 한국교육개발원에서 학력 또는 학점을 인정 받아야함)

기능사 (응시자격 제한이 없음)

검 정 방 법

자격등급	검정방법	
	필기시험	면접시험 또는 실기시험
식품기술사	단답형 또는 주관식 논문형 (100점 만점에 60점 이상)	구술형 면접시험 (100점 만점에 60점 이상)
조리기능장	객관식 4지택일형(60문항) (100점 만점에 60점 이상)	작업형(100점 만점에 60점 이상) 한식포함 전공(양,일,중,복어)선택
조리산업기사 (한식,일식,양식,중식,복어)	객관식 4지택일형 과목당20문항(100점 만점에 60점 이상) 과목당 40점 이상(전 과목 평균 60점 이상	작업형(100점 만점에 60점 이상)
기능사	객관식 4지택일형(60문항) (100점 만점에 60점 이상)	작업형(100점 만점에 60점 이상)

1	겨자채	18	배숙	35	완자탕
2	국수장국	19	보쌈김치	36	육원전
3	나박김치	20	북어보푸라기	37	육회
4	너비아니구이	21	북어구이	38	잡채
5	닭찜	22	북어찜	39	장국죽
6	더덕구이	23	비빔국수	40	제육구이
7	더덕생채	24	비빔밥	41	지짐누름적
8	도라지생채	25	생선양념구이	42	칠전판
9	돼지갈비찜	26	생선전	43	칼국수
10	두부젓국찌게	27	생선찌게	44	콩나물밥
11	두부조림	28	섭산적	45	탕평채
12	떡산적	29	알찜	46	표고전
13	만두국	30	어선	47	풋고추전
14	매작과	31	오이소박이	48	호박선
15	무생채	32	오이선	49	홍합초
16	무숙장아찌	33	오이숙장아찌	50	화양적
17	미나리강회	34	오징어볶음	51	화전

조리기능사 실기시험검정 종목

1	미네스트로니스프	11	솔모르네	21	토마토소스
2	바베큐폭찹	12	쉬림프카나페	22	포테이토샐러드
3	B.L.T샌드위치	13	스터프드에그	23	포테이토크림스프
4	브라운그래비소스	14	스페니쉬오믈렛	24	햄버거샌드위치
5	브라운스톡	15	월도프샐러드	25	홀랜다이소스
6	비프스튜	16	이탈리안미트소스	26	후렌치어니언스프
7	비프콘소메스프	17	치즈오믈렛	27	후렌치후라이드쉬림프
8	사우전아일랜드드레싱	18	치킨알라킹	28	휘시뮈니엘
9	살리스버리스테이크	19	치킨커틀렛	29	휘시차우더스프
10	서로인스테이크	20	탈탈소스		

· 응 · 시 · 자 · 격 ·

1. 한식 (총 51 문제)

1	갑오징어명란무침	9	도미조림	17	쇠고기간장구이
2	계란찜	10	된장국	18	쇠고기양념튀김
3	김초밥	11	모듬냄비	19	쇠고기덮밥
4	꼬치냄비	12	모듬튀김	20	옥도미술찜
5	닭버터구이	13	문어초회	21	전골냄비
6	대합술찜	14	삼치소금구이	22	조개맑은국
7	도미냄비	15	생선모듬회	23	참치김초밥
8	도미맑은국	16	생선초밥	24	해삼초회

2. 양식 (총 29 문제)

1	고구마탕	8	물만두	15	짜춘권
2	고추잡채	9	부추잡채	16	채소볶음
3	깐풍기	10	새우케찹볶음	17	탕수육
4	난자완스	11	생선완자탕	18	탕수조기
5	달걀탕	12	양장피잡채	19	해파리냉채
6	라조기	13	오징어냉채	20	홍쇼두부
7	마파두부	14	옥수수탕		

3. 일식 (총 24 문제)

1	복어회	2	복어지리

4. 중식 (총 20 문제)

5. 복어 (총 2 문제)

제1장

조리실무 기초 이론편

1. 조리의 의의와 목적 / **2.** 조리사의 기본자세
3. 위생과 안전 / **4.** 계량방법 및 환산법

1 조리실무 기초 이론편

1. 조리의 의의와 목적

1) 조리의 의의

식품에 조미료를 넣거나 가열, 또는 기타의 과정을 거치면서 식품의 기본적인 특성을 증진시켜 먹기 좋은 상태의 음식물로 만드는 과정을 말한다.

즉, 식품에 존재하는 유독하거나 좋지 않은 성분을 제거하고 안전성과 맛을 증진시켜 섭취하도록 하는 과정이다.

2) 조리의 목적

(1) 식품의 기호적 가치를 높인다.

향미를 좋게 하고, 외관을 아름답게 하여 식욕을 증진시켜 준다.

조리의 제일 큰 목적은 식품의 기호(맛, 향, 질감, 시각적 효과)를 높이는 것이다.

식품조리는 예술적인 색채가 강하여 나라와 지역에 따라 약간의 차이는 있으나 조리의 본래의 목적은 문화권의 여하에 관계없이 음식물의 기호성을 높이는 데 있다.

(2) 식품의 영양적 가치를 높인다.

단단한 부분을 연하게 하여 먹기 좋게 만들고, 식품의 소화흡수율을 높여줌으로 영양효과를 증진시킨다.

인간은 생존과 활동에 필요한 영향을 음식물에서 섭취하지 않으면 안 된다.

소화하기 어려운 것은 자르거나 익혀서 소화하기 쉬운 것으로 만들어야 하며, 가열조리와 같은 조작 등으로 발생되는 영양소의 유출과 파괴를 최소화하는 방법을 연구하는 것이 조리의 중요한 목적이다.

(3) 식품의 안전성을 높인다.

병원성 세균, 해충, 독성을 제거하고 식품의 부패와 변패 등의 위해요인으로부터 식품의 안전성을 확보하여 위생적으로 안전하게 한다.

(4) 저장성 높여준다.

조리과정을 통하여 수분함량을 줄이거나 소금 등의 첨가로 수분활성을 낮춰 미생물의 번식을 막을 수 있고 가열에 의하여 효소의 불활성화로 식품의 변패를 막을 수 있다.

✻ 조리는 식품을 먹을 수 있는 음식으로 만드는 최종적인 소비단계의 작업이라 할 수 있다.

2. 조리사의 기본 자세

단지 전문기술과 지식만이 아니라 프로 조리사라는 자부심을 가지며 먹는 이에게 음식을 통해 기쁨과 행복을 줄 수 있어야 하며, 먹는 이의 건강까지 유념해야 할 것이다.

또한 조리는 과학이며, 종합 예술이라는 생각을 갖고 예술적 감각과 과학적 지식을 습득할 수 있도록 노력해야 할 것이다.

조리사가 갖추어야 할 기본 사항

- 조리사는 건강해야 한다.
- 조리사는 항상 청결해야 한다.
- 조리사는 정성을 다해 음식을 만들어야 한다.
- 조리사는 음식에 관한 지식과 교양을 습득해야 한다.
- 조리사는 창의적이며 급변하는 문화패턴에 변화할 수 있어야 한다.
- 조리사는 인간의 생명존중을 기본으로 해야 한다.

3. 위생과 안전

1) 개인위생

개인위생이 곧 고객들의 건강 및 안전과 직접적으로 직결되는 중요한 사항이기 때문에 철저한 자기관리를 통해 예측할 수 없는 사고를 사전에 예방해야 한다. 조리사들은 고객의 정신적 · 육체적인 안전을 위해서 위생을 최우선 돼야 하며, 책임의식을 갖고 근무에 임하여 질병과 오염 원인을 제거하고, 고객보호를 위해 철저한 위생 점검 실시와 위생사항을 지켜야 한다. 항상 건강과 청결한 상태를 유지하여야 하며 자신으로부터 각종 병원균으로 인한 오염 내지는 전염을 근본적으로 차단하여 위생상에 전혀 이상이 없는 음식을 만들어야 한다.

개인위생 점검표

항 목	점 검 사 항
머 리	• 머리의 길이와 상태 (식품 서비스업에 있어서 머리는 짧아야 한다)
얼 굴	• 깨끗한 면도, 깨끗한 치아 등의 상태유지
손	• 청결한 손 상태, 짧고 깨끗한 손톱 유지 • 반지 및 시계착용 금지 • 손의 상처 주의(포도상구균 위험)
채 취	• 향이 진한 향수나 화장품 사용금지
태 도	• 머리는 세우고 어깨는 편다.
복 장	• 안전화의 상태 • 조리복의 청결상태 및 착용상태 • 위생모 착용상태

조리사 위생 준수 사항

- 정기적인 건강검진 및 예방접종을 받는다.
- 항상 손을 씻는 습관을 기른다.
- 조리복을 착용한 상태에서 의자 외에는 바닥에 앉지 않는다.
- 손에 상처가 있을 때에는 즉시 치료하고 직접적인 조리업무에는 임하지 않는다.
- 감기 · 인후염 · 피부병 및 전염성 질환의 감염시는 업무에 임하지 않는다.
- 음식물 앞에서는 기침이나 재채기를 하지 않는다.

- 맛을 볼 때에는 작은 그릇에 덜어서 맛을 보며, 국자나 기타 조리용기의 사용은 금한다.
- 조리복을 착용한 상태로는 화장실 출입을 금해야 한다.

(최소한 앞치마와 조리모는 벗어 놓고 작업화는 갈아 신어야 한다)

2) 주방 및 시설 위생

주방에서의 시설이라 함은 주방이 차지하고 있는 공간에서부터 식품을 다루는 모든 기구와 장비를 총칭하는 말이다.

위생적인 음식을 만들고, 각종 장비의 청결관리로 사용기간을 연장하며, 식자재의 안전한 유지 · 보수 및 원활한 사용을 위해 주방의 시설 위생이 필수적이라 할 수 있다.

식용 가능한 식품을 이용하여 음식상품이 만들어지는 과정에서 조리사와 장비 및 식품취급상 인체의 위해를 방지할 수 있도록 충분하게 위생적으로 관리하여 식품에 세균이나 기타 인체에 위해한 물질이 함유되지 않도록 해야 할 것이다.

주방 및 시설 관리

- 주방 내외 온도는 16~20℃, 습도는 70% 정도가 적합하며 항상 통풍이 잘되도록 환기시설을 가동시켜야 한다.
- 주방 내의 조명도는 50~100Lux 정도가 가장 좋으며, 되도록 자연에 의한 채광 효과를 얻을 수 있도록 하는 것이 좋다.
- 주방에 정기적인 방제소독을 실시해야 한다.
- 각종 해충 및 쥐를 구제할 수 있는 근본적인 시설과 관리대책을 수립되어야 한다.

- 벽 · 바닥 · 천장의 표면은 효과적으로 청소할 수 있도록 단단해야 하며, 벽이나 바닥의 타일 등이 파손되었을 경우 즉시 보수한다.
- 주방은 1일 1회 이상 청소하여야 한다.
- 식재료 반입시 들어온 빈 상자는 주방 내에 적재해 두지 않는다.
- 주방 관계자 외에 외부인의 출입을 금지한다.
- 냉장 · 냉동고의 적정온도를 유지할 수 있도록 확인한다.
- 장비 및 기기류 사용 후에는 깨끗이 씻어 물기를 완전히 제거한다.
- 각종 기물이나 소도구는 파손이나 분실되지 않도록 사용 후 반드시 세척하여 제자리에 놓는다.

※ 식품위생법에서는

1. 식품을 채취하거나 제조, 가공과 조리, 저장, 운반 또는 판매하는데 직접 종사하는 자(영업자 및 종사자)를 건강진단 대상자로 하여 정기적인 건강진단을 받도록 하고 있다.
2. 위생검열에서 보건증이 없는 자를 고용하였으면 행정처분이나 벌금 징수.

※ 영업에 종사하지 못하는 질병은

1. 소화기전염병(제1종 전염병)
2. 결핵(비전염성 제외, 제3종전염병)
3. 피부병 기타 화농성 질환(나병, 포도상구균, 화농증 등 세균성 피부질환)
4. B형간염(비 활동성 간염 제외)
5. 후천성 면역결핍증 등

※ 조리사를 두어야 하는 곳

1. 복어 조리판매업
2. 객석면적이 120㎡ 이상인 업소
3. 집단 급식소

※ 조리사 결격 사유

1. 정신 질환자, 정신 지체인
2. 전염병 환자
3. 마약, 약물중독자

4. 조리사 면허취소 처분을 받고 취소된 날로부터 1년이 지나지 아니한 자

※ 조리사 면허 취소

1. 면허 결격사유에 해당 시
2. 식중독 등 위생상 중대한 사고를 발생하게 한 때
3. 면허 대여 시

※ 조리사 또는 영양사의 면허를 받은 자가 식품접객업을 하고자 하는 때에는 위생교육을 받은 것으로 본다.

3) 조리장 내 작업 안전수칙

주방은 조리작업과정에서 안전사고를 유발할 수 있는 요인이 산재해 있는 곳이기 때문에 안전사고에 따른 장치를 설치하고 종사원에 대한 안전교육이 필수적이다.

조리업무를 수행하는 과정에서 각종 사고 발생요인이 많으므로 작업시 안전수칙을 철저히 지키고, 좀 더 주의를 기울여 안전사고가 일어나지 않도록 노력해야 할 것이다.

칼을 비롯한 조리기기 및 장비를 사용할 때에는 용도에 맞게 사용하며, 한눈팔지 말고 집중하여 작업하고, 가스기기나 전기기기를 사용함에 있어서도 연료나 기기의 성질을 정확하게 알고 사용해야 한다. 또한 화기를 다룰 때에는 자리를 이탈하지 않는 철저한 주의가 필요하다.

작업 안전수칙

- 깨끗한 유니폼과 안전화를 착용한다.
- 칼을 사용할 때는 집중하고 안정된 자세로 작업에 임한다.
- 칼을 본래의 목적 외에는 사용하지 않는다.
- 주방에서는 아무리 바쁜 상황이라도 뛰어 다니지 않는다.
- 주방 바닥은 오일이나 물기를 제거하여 미끄럽지 않도록 한다.
- 뜨거운 용기를 이동할 때는 마른 행주를 사용한다.
- 칼을 보이지 않는 곳에 두거나 물이든 개수대 등에 담아 두지 않는다.
- 주방에서 칼을 들고 다른 장소로 이동할 때에는 칼끝을 정면으로 두지 않으며, 칼끝을 위로 향하게 하고 칼날은 뒤로 가게 한다.
- 칼을 떨어뜨렸을 경우 잡으려 하지 말고 물러서서 피한다.
- 칼을 사용하지 않을 때에는 안전함에 넣어서 보관한다.
- 뜨거운 용기나 뜨거운 음식물을 옮길 때에는 주위 사람들에게 알게 하여 충돌을 방지한다.
- 뜨거운 스프나 물 등의 재료를 투입할 때에는 미끄러지듯 넣는다.

주방기기 사용 안전수칙

- 손에 물이 묻어 있거나 물이 있는 바닥에 서 있을 때는 전기장비를 만지지 않는다.
- 전기장비를 다룰 때는 스위치를 끈 다음 만진다.
- 각종 기계는 작동방법과 안전수칙을 숙지한 후에 사용한다.
- 스위치를 끈 것을 확인하고 기계를 조작하거나 닦는다.
- 작업이 끝나면 전기 코드를 뽑기 전에 장비에 부착된 스위치를 먼저 끈다.
- 절단기기를 사용할 때는 절단하는 칼날에 손이 닿지 않도록 거리를 두고, 기계를 사용하지 않을 때는 칼날을 닫아 놓고 스위치는 항상 꺼져 있어야 한다.
- 호스로 물을 뿌릴 때 전기 플러그, 기계의 스위치에 물이 튀지 않도록 주의한다.

- 한 개의 콘센트에 여러 개의 전기기구를 사용하지 않는다.
- 스위치 · 콘센트 · 전기기구의 부근에 가열물 및 인화물질이 없도록 한다.
- 전기용량을 정격치보다 초과하여 사용하지 않는다.

◎ 화상이나 물에 덴 상처 응급처치 방법

- 화상부의를 흐르는 물에 넣어서 적어도 10분 동안 담가 둔다.
- 화상 부위에 상처가 부어오르기 전에 벨트 또는 꽉 끼는 옷을 조심스럽게 제거한다.
- 상처부위는 깨끗하고 가능한 멸균 처리된 거즈를 덮어 놓는다.
  (얼굴에 난 화상은 환자가 숨을 쉴 수 있도록 구멍을 낸 거즈를 덮는다)
- 물집을 터뜨리지 말고 화상부위에 딱 붙어 있는 물질들을 떼어내지 않는다.
- 로션이나 연고 등을 발라준다.
- 심할 경우에는 로션이나 연고 등을 바르지 말고, 환자를 병원으로 후송한다.

4. 계량방법 및 환산법

1) 계량에 대한 기본 개념

식품의 계량은 합리적이고 과학적인 조리를 위해 필요한 것이다.

계량을 하게 되면 일정한 맛을 낼 수 있고, 조리시간이 단축되며, 재료의 낭비를 줄일 수 있는 등 유용한 이점이 많다.

정확한 개량을 하기 위해서 계량컵, 계량스푼 등이 필요하며, 무엇보다 성공

적인 음식을 만들기 위해서는 정확히 측정된 재료를 알맞은 비율로 섞어 조리하는 것이다.

2) 계량방법

요리법을 설명할 때 주로 사용하는 단위로는 길이는 cm, 무게는 g, 부피는 cc, ml를 사용한다. 이와 함께 컵(C), 테이블스푼(Ts), 티스푼(ts)을 사용한다.

표준 계량단위는 물을 기준으로 하는 것이며 따라서 식품재료의 종류에 따라 무게는 달라지게 됩니다. 우리나라와 외국의 계량단위는 서로 달라서 약간 혼동을 주기도 하지만 다음 표를 이용하여 계량단위를 환산할 수 있습니다.

※ 물을 계량할 때의 계량 단위임

1 ts = 5 ml = 5cc

1 Ts = 15ml = 15cc = 3 ts

1 C = 200ml (한국의 경우)

※ 서양의 경우

1C= 240cc = 16Ts = 8온스

1 온스(ounce) = 2Ts =30cc

1 쿼트(quart) = 32 온스 = 960cc = 4C

1 갤런(gallon) = 128온스 = 3840cc =16C

1 파인트(pint)= 2 컵 = 480cc = 0.5쿼트(quart)

1 온스 = 28.35g

1 파운드 =454g

각 식품의 계량 단위별 무게

식재료 / 단위	1ts	1Ts	1C(200ml)
물	5.5g	16.5g	200g
버터	4g	13g	170(녹인것)
쇼트닝	4g	12g	160(녹인것)
설탕	3g	10g	160g
소맥분	4g	8g	120g
정제소금	5.5g	17g	250g
보통소금	4g	12g	160g
우유	5g	15g	180g
전분	2g	7.5g	130g
생 레몬주스	4.5g	13g	180g
베이킹파우더	3.5g	12g	150g
젤라틴가루	3g	8g	100g

3) 계량기구 사용법

(1) 저울

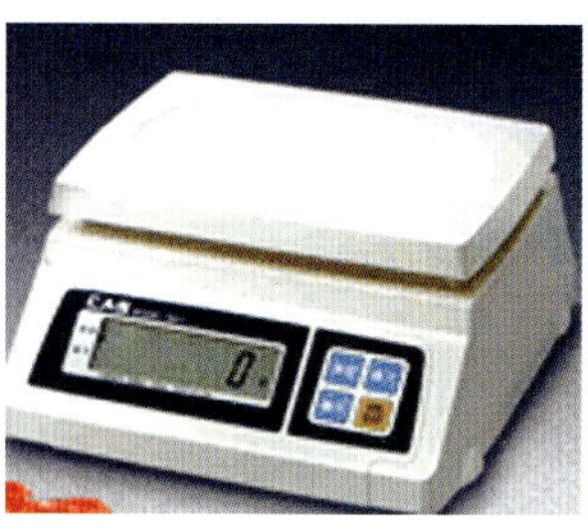

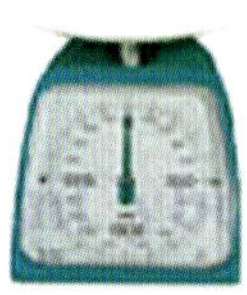

저울은 눈금이 정확하고 보기 편리한 것을 선택한다. 밀가루, 설탕과 같은 분말은 저울로 재는 것이 정확하다. 전자저울은 정확하지만 사용 중에 물이 들어가지 않도록 주의해야 하고, 눈금 저울은 적은 양도 잴 수 있도록 50g～1kg까지 눈금이 자세히 표기되어 쉽게 측정할 수 있는지 확인한다.

무게를 잴 때는 편편한 장소에 저울을 놓고 눈금이 '0'에 가 있는지 확인한 다음 재료를 올려놓고 시선을 저울 눈금과 수평이 되게 해서 읽는 것이 정확하다. 가루 종류는 그릇에 담아서 올려놓되, 반드시 그릇의 무게를 빼 주어야 한다. 고기, 두부, 야채 등 컵으로 잴 수 없는 분량이나 1컵이 조금 넘는 가루 식품은 계량 저울을 이용해 무게를 달아야 정확하다.

(2) 계량컵

계량컵은 200~250cc 크기가 편리하고 눈금을 보기 쉽도록 투명한 것을 준비한다. 많은 양의 액체나 가루를 잴 때 사용한다. 200cc는 양념류에, 500cc는 국이나 찌개의 국물 양을 잴 때 사용한다. 평평한 장소에 컵을 두고 원하는 눈금에 맞게 재료를 붓는다. 눈높이를 컵과 수평이 되게 하여 정확하게 눈금을 읽는다. 조금 모자라거나 넘칠 때는 숟가락으로 넣거나 떠내어 가면서 잰다. 가루 종류는 체에 친 뒤 계량해야 정확하다.

(3) 계량스푼

액체나 가루 등의 적은 양을 잴 때 사용한다. 일반적으로 대 · 중 · 소로 나뉘는데 1큰술은 15cc, 1중간술은 10cc, 1작은술은 5cc이다. 간장 청주 등의 액체를 계량할 때는 스푼 위에 장력으로 인해 볼록해졌을 때의 양을 1큰술이라고 한다. 하지만 설탕이나 소금 같은 가루나 다진 재료를 잴 때는 계량스푼에 가득 담은 뒤 평평하게 깎아 낸 양이 1큰술이다.

(4) 체

분말로 된 제품의 응어리를 풀어주고 공기를 넣어주는 기능을 가진 체는 보통 쇠 조리로 되어 있다. 쇠 조리의 밀도가 작은 것은 액체를 걸러 낼 때 사용하며 사용하기 간편한 컵 모양의 체는 쥐었다 놓았다 하면 흔들지 않아도 체를 내릴 수 있지만 크기가 작은 것이 단점이다.

4) 섭씨와 화씨의 온도 전환법

섭씨 (℃: Centigrade)

화씨 (℉: Fahrenheit)

섭씨를 화씨로 고치는 공식 → ℉ = 9/5℃ + 32

화씨를 섭씨로 고치는 공식 → ℃ = 5/9(℉-32)

제2장

조리실무 기본편

1. 조리복 착용방법 / **2.** 칼과 숫돌의 관리 / **3.** 도마 사용방법 및 관리
4. 행주사용 및 관리 / **5.** 수세미 관리법 / **6.** 칼 사용 방법
7. 야채 자르기 / **8.** 엽란을 이용한 모양내기 / **9.** 어류손질법
10. 육류 손질법 / **11.** 가금류 손질법 / **12.** 과일 모양내기 및 담는 방법
13. 조리기구 손질법 및 사용방법

2 조리실무 기본편

1. 조리복 착용방법

1) 조리복 착용모습

조리복, 조리모자, 앞치마, 스카프, 바지, 안전화 등의 착용목적과 역할 등을 익히고 조리실습시 신체를 보호하고 효율적이고 위생적인 조리를 할 수 있게 해야 한다.

조리복은 조리사의 신체를 열이나 주방기기 등으로부터 보호하는 역할을 하면서 위생적으로 작업할 수 있게 하는 척도이기도 하다. 따라서 항상 청결하게 유지해야 하며 더렵혀지거나 오염이 되면 신속히 조리복을 갈아입는다.

조리복 착용 모습

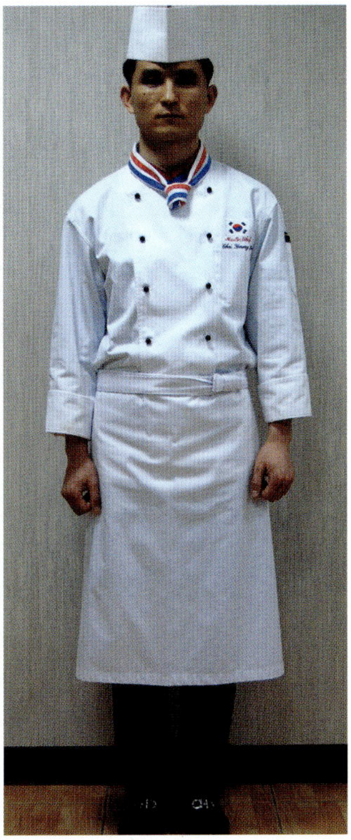

정면모습

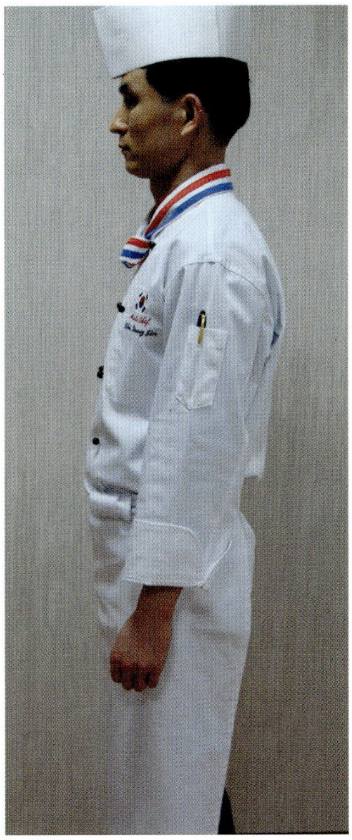

측면모습

(1) 조리복

상의는 조리사의 체형에 맞는 치수로 약간 크다고 생각되는 것을 착용하여 작업하는데 불편함이 없게 한다.

착용 후 양쪽 소매는 손목이 5㎝ 정도 노출되도록 접어서 올려 입는다.

하의는 긴바지를 입어야 하며, 땀 흡수가 잘되고 편한 것으로 선택한다.

되도록이면 검정색이나 흰색을 입는 것이 위생상 좋다.

(2) 조리모

머리카락을 가려 음식에 떨어지는 것을 방지하며, 이마의 땀을 흡수하는 역할을 한다.

여성인 경우 옆머리는 귀가 보이며 뒷머리는 조리복상의 깃에 닿지 않도록 하여 착용한다.

(3) 스카프

머리의 비듬과 머리카락 등 음식에 떨어지는 것을 방지하고, 다쳤을 때 응급처치용으로 사용하기도 하며, 조리업무 특성과 직급을 나타내는 역할로 사용하기도 한다.

너무 늘어지게 매지 말고 되도록 짧고 단정하게 맨다.

(4) 앞치마

앞치마는 벨트선 이상으로 올라가지 않도록 위치를 조정하여 착용하며, 조리복 상의와 바지에 음식물이 튀어 얼룩이 생기는 것을 방지하기 위해 착용한다. 매듭은 복부 중앙에서 약간 왼쪽에 매고 남는 끈은 단정하게 정리한다.

(5) 안전화

안전화는 칼이나 조리도구가 떨어졌을 때 보호될 수 있고 방수가 되며 미끄러지지 않는 신발을 신는다.

2) 앞치마 착용방법

앞치마는 쉽게 더러워지므로 자주 세탁하여 깨끗하게 착용해야 하며, 끈이 풀리지 않도록 매야 한다.

1. 한번 접어서 허리춤에 자연스럽게 갖다 댄다.

2. 끈을 허리뒤쪽으로 돌린다.

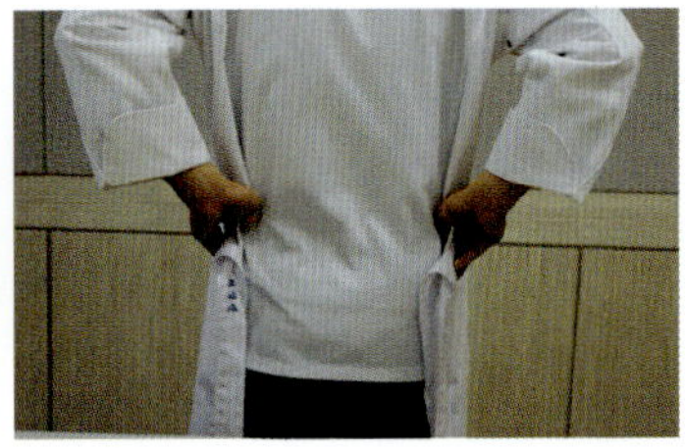

3. 끈을 쥔 상태에서 조리복 양쪽을 당겨 등쪽에 구겨짐이 없도록 한다.

4. 끈을 앞쪽으로 다시 돌린다.

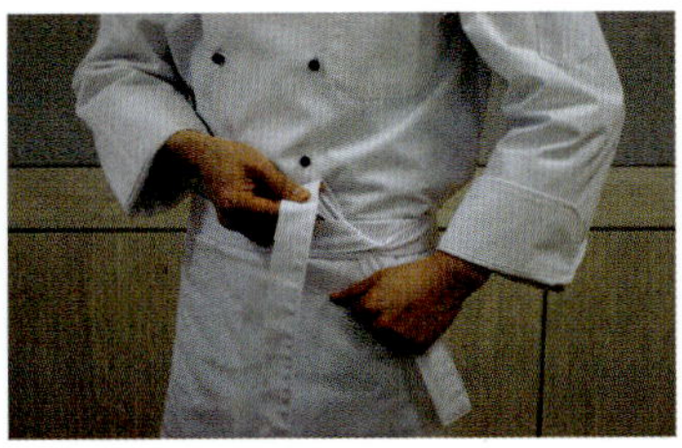

5. 끈을 한번 묶는다.

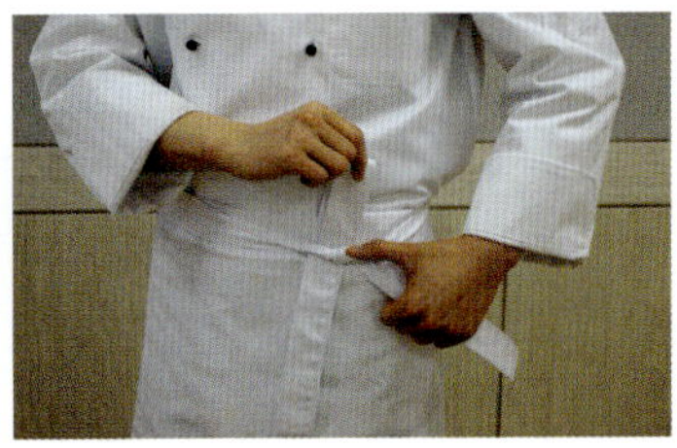

6. 긴 끈을 돌려 뺀다.

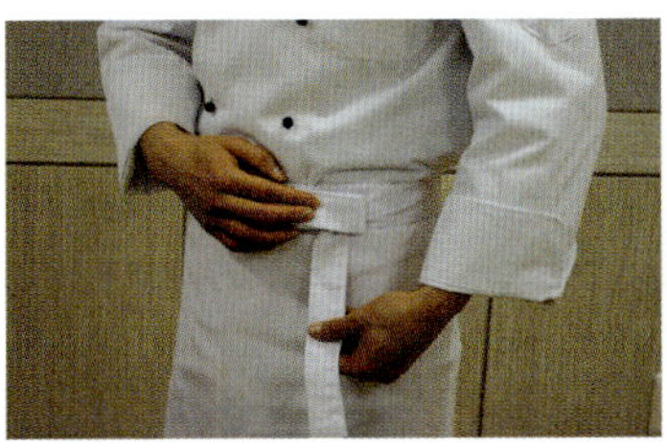

7. 돌려 뺀 끈을 나비넥타이 모양으로 만든다.

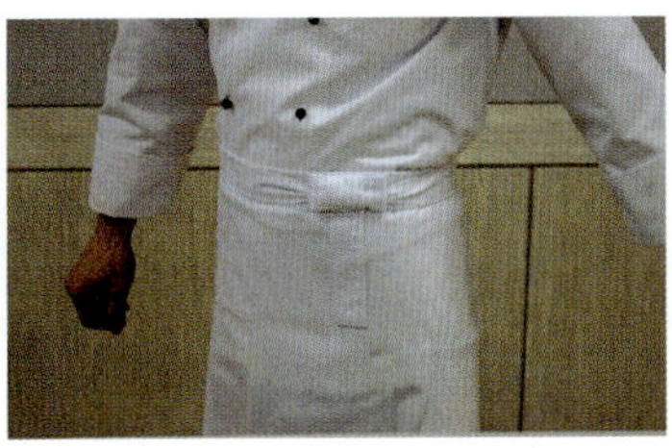

8. 짧은 끈을 이용해 나비넥타이 모양으로 감는다.

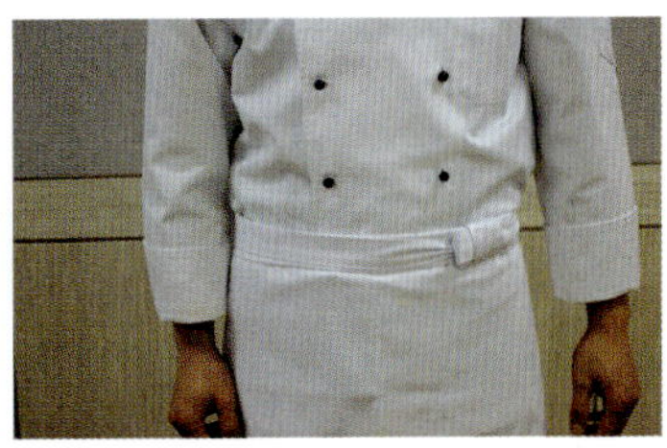

9. 조금 남은 끈은 앞치마 안쪽이 풀리지 않도록 안쪽으로 집어 넣는다.

3) 스카프 착용방법

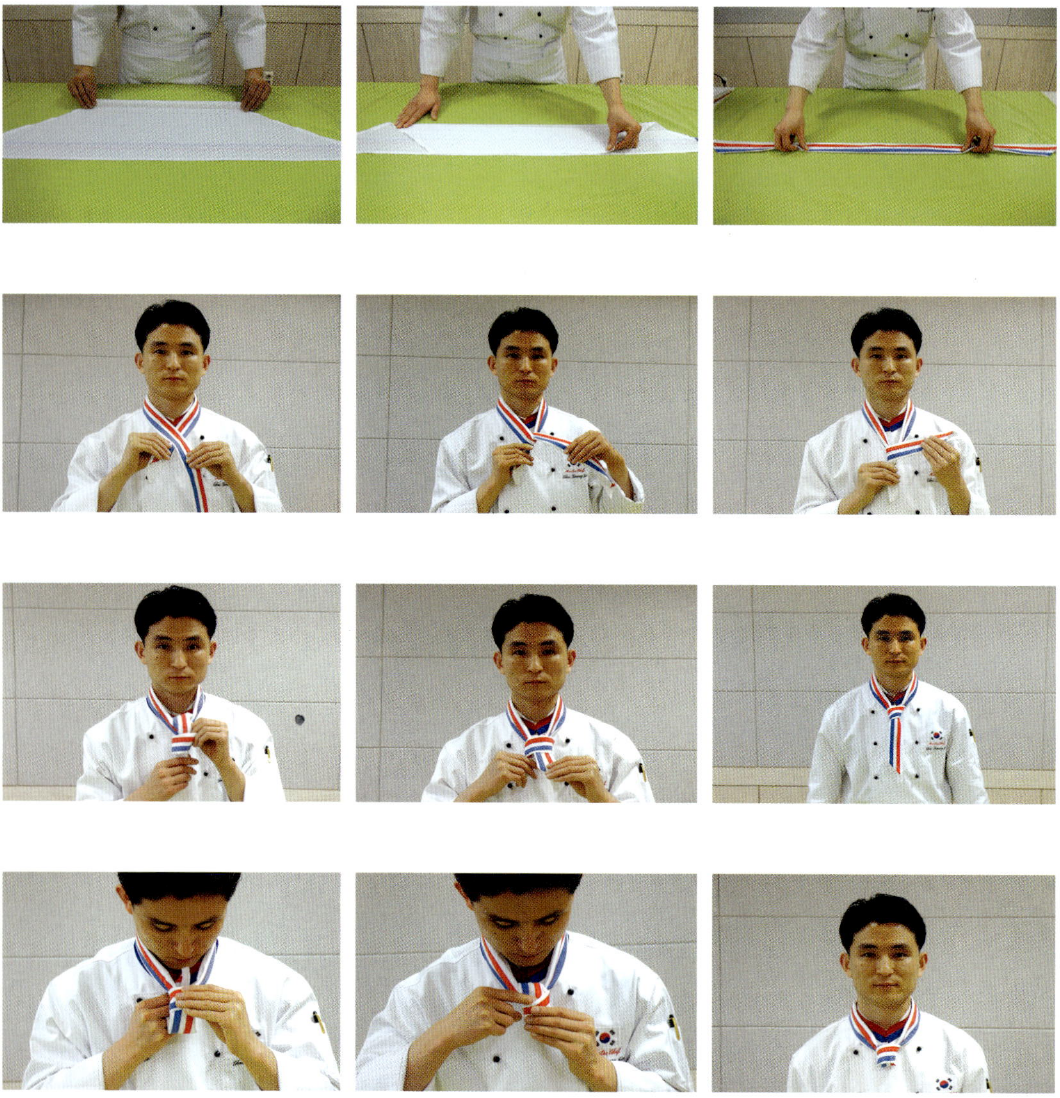

1. 스카프를 잘 펼쳐서 반으로 접은 후 다시 한 번 접어 폭이 4.5cm 정도가 되도록 접는다.

2. 접은 머플러를 목에 두르고 엇갈려 잡은 후 왼쪽을 길게 하여 위 사진처럼 안으로 돌려 뺀다.

3. 넥타이를 매는 방법으로 돌려 뺀 후 나와 있는 끈을 말아 뒤쪽으로 끝이 보이지 않게 처리한다.

2. 칼과 숫돌의 관리

1) 칼의 구성 및 역할

(1) 양면도

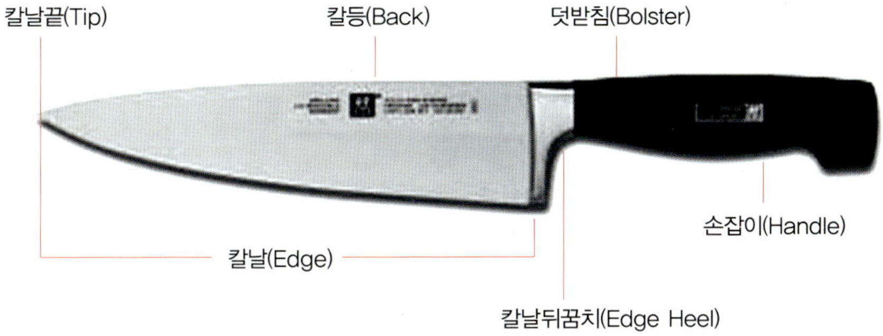

① 칼날

항상 예리하고 날카롭게 유지해야 하며 주로 사용하여 자르는 부분이다.

② 칼날끝

칼날끝은 항상 뾰족하게 유지해야 하며 자를 때나 힘줄 등을 자를 때 주로 사용한다.

③ 칼등

고기를 두드리거나 우엉 등의 껍질을 벗길 때 주로 이용한다.

④ 칼날뒤꿈치

칼의 안전성을 유지하기위해서 필요한 부분이다.

⑤ 손잡이

기름기나 이물질이 묻지 않게 깨끗이 유지해야 한다.

(2) 단면도

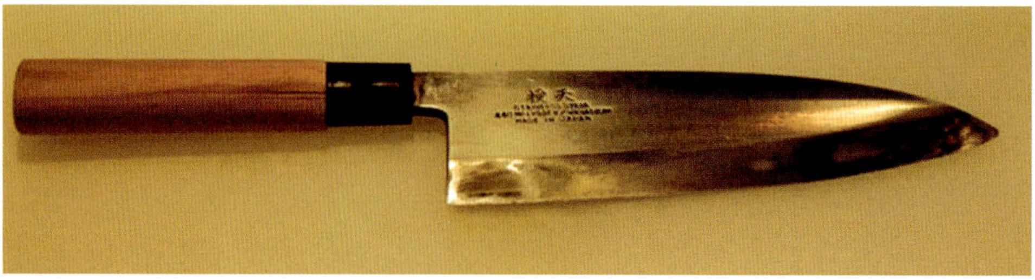

2) 칼의 종류

조리사에게 있어서 칼은 무사의 검과 같은 것이다. 그래서 예부터 '조리인의 혼' 이라 불리었으며, 칼을 보면 그 조리인의 기량을 알 수 있다고 했을 만큼 조리인에게 있어서 가장 중요한 조리기기라 할 수 있다.

칼에는 여러 종류가 있기 때문에 그 특징을 알고 용도에 맞게 사용하는 것이 무엇보다도 중요하다.

(1) 양면도

① Chef's knife

- 튼튼하며, 넓고 강한 칼날을 가진 칼.
- 전문가, 초보 모든 사람을 위한 가장 기본적인 칼이며 야채를 정리하거나 허브를 다지거나 썰 때 사용.

② Peeling knife

- 작고 가벼우며 곡선진 칼.
- 감자, 과일, 야채의 껍질을 벗기거나 썩은 부위를 도려내기에 용이.

③ Vegetable knife

- 강한 칼날을 가진 작은 나이프.
- 작은 과일이나 야채를 다듬거나 껍질을 벗길 때 편리하며, 썩은 부위를 도려내기에 용의.

④ Boning knife

- 얇고 굴곡을 가진 칼로 뼈에서 살을 발라내는데 적합하게 만들어진 칼.

⑤ Santoku knife

- 아시아 타입의 칼로서 넓고 날카로운 날을 가진 칼.
- 아시아 지역에서 가장 기본적으로 사용하는 칼로서 요리를 위한 고기나 생선, 야채의 준비에 사용.

⑥ Chinese chef's knife

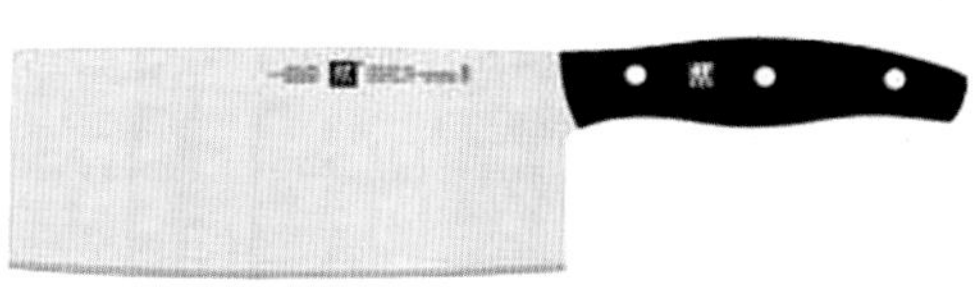

- 중국식 칼로 넓고 길며, 날카로운 칼날을 가진 칼.
- 고기나 생선, 야채에 사용.

(3) 단면도

주로 일본에서 사용되는 칼로서 양면도에 비해 얇게 자를 수 있으며, 절단면이 산뜻하고 깨끗하다.

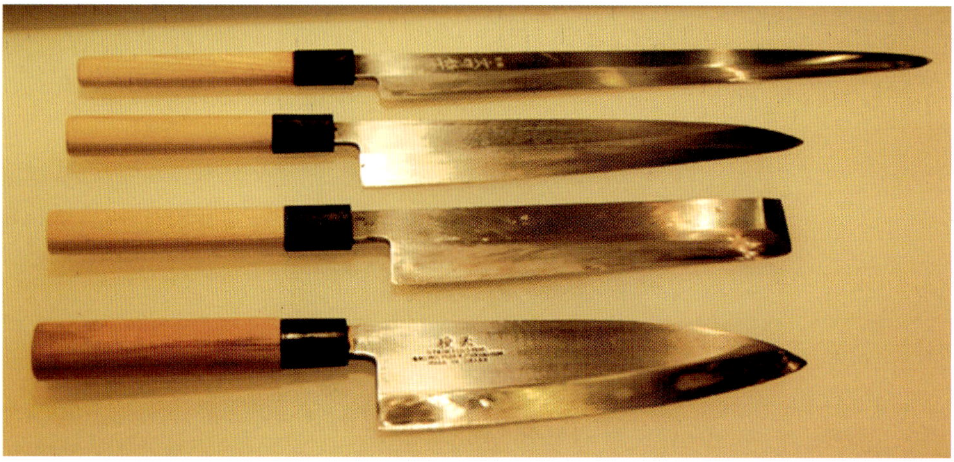

① 우스바 (야채칼)

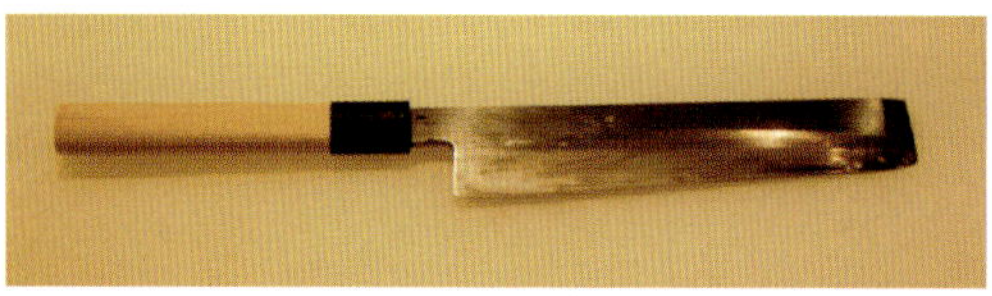

• 주로 야채에 쓰이고 껍질을 벗기거나 식재료를 잘게 썰 때에 쓰는 칼로 칼날이 평평하고 얇아서 자른 면이 아름답게 마무리되는 것이 특징이다.

② 야나기보우죠 (회칼)

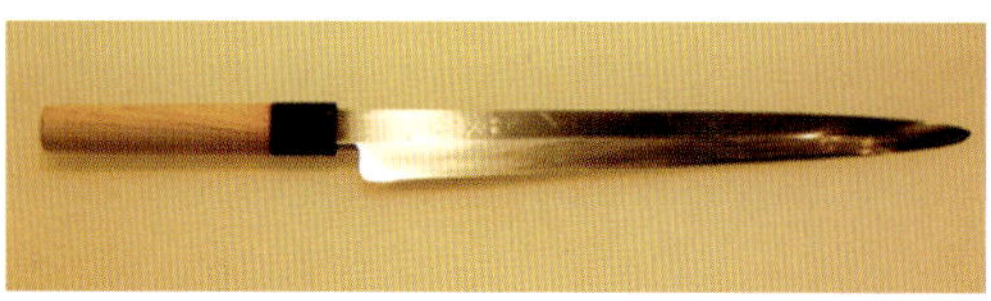

• 칼날이 얇아 예리하고 길며 주로 생선회를 자를 때 사용한다. 부드러운 생선살이 망가지기 쉬우므로 단숨에 자르는 긴 칼이 회칼로서 적당하다.

③ 데바보우죠(생선손질칼)

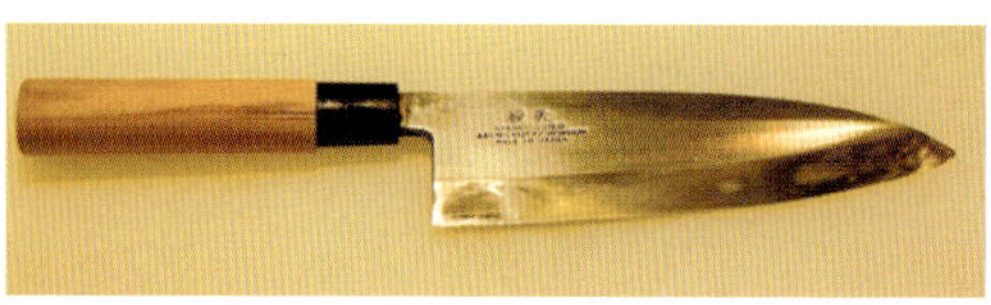

• 칼 밑쪽이 두꺼운 칼로 주로 생선이나 닭을 오로시 할 때에 사용하며, 뼈나 게의 껍데기 같은 딱딱한 부분을 자를 때 용이하다. 생선의 크기에 따라 사용하는 칼의 길이나 두께가 매우 다양하고 용도의 폭이 크다.

3) 숫돌의 종류 및 관리방법

(1) 숫돌의 종류

숫돌의 종류는 입자의 굵기에 따라 크게 거친숫돌, 중간숫돌, 마무리숫돌로 나눌 수 있으며, 재료에 따라 천연 숫돌과 인공 연마재를 합성한 합성 숫돌이 있다. 천연 숫돌은 칼날이 둔해지지 않고, 특히 입자가 미세한 마무리숫돌은 합성한 것보다 뛰어나다. 그러나 생산량이 적고 고가이므로 쉽게 구입할 수 없는 실정이다. 반면 합성 숫돌은 칼날이 잘 서지 않고 가는 물에 손이 더러워지는 단점이 있으나, 칼갈기가 비교적 편리하고 가격도 적당해 일반적으로 합성 숫돌을 많이 사용하고 있다.

돌의 순서에 따라 갈면 예리한 칼날을 만들 수 있지만, 일반적으로는 중간숫돌(1,000방)만으로 사용해도 충분하다.

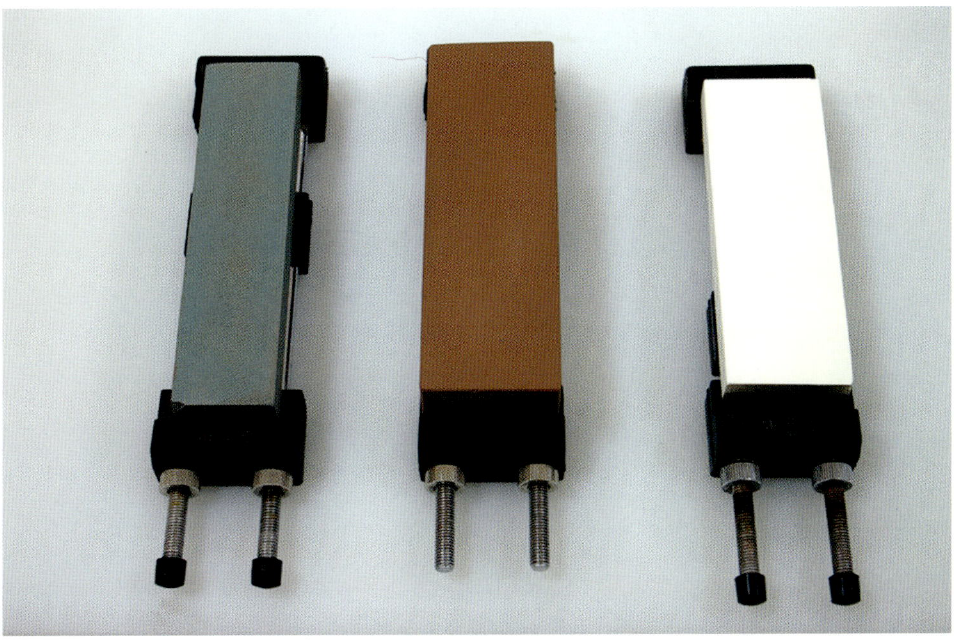

거친숫돌 (200-600) | 중간숫돌 (800-1,000) | 마무리숫돌 (2,000-4,000)

① 거친숫돌

새 칼을 쓸 때나 칼날이 크게 손상되었을 때에 사용한다.

② 중간숫돌

칼날을 세울 때 사용하며, 평상시 칼을 갈 때 보편적으로 중간 숫돌을 이용하여 칼을 간다.

③ 마무리숫돌

중간숫돌로 칼날을 세운 다음, 더욱 정교하게 날을 세우고자 할 때와 칼에 나 있는 아주 작은 흠집 등을 깨끗이 제거할 때 사용.

(2) 숫돌 사용방법

① 숫돌을 사용하기 전에, 먼저 물에 10~20분 간 공기 방울이 생기지 않을 때까지 충분히 물을 흡수하도록 한다.
(이렇게 해야만 숫돌과 지철이 섞인 '지분' 이 생겨 칼을 갈기가 쉽다)
② 숫돌 받침대나 젖은 행주를 깔아 미끄럽지 않도록 안정시킨다.
③ 칼을 갈 때 물을 조금씩 떨어뜨려 준다.

(3) 숫돌 관리방법

① 숫돌을 오랫동안 사용하면 가운데가 움푹해지고 표면이 상하는데, 그럴 때는 사용했던 숫돌보다 조금 거친 숫돌을 이용해 갈아, 표면을 평평하게 '면고르기 '를 해 둔다.
② 숫돌에 각이 난 부분을 숫돌과 숫돌을 서로 대고 각을 없애준다.
(그대로 두면 사용도중 각이 떨어져 칼날을 상하게 한다.)
③ 사용하고 난 후에는 숫돌을 깨끗이 닦아서 보관한다.

4) 칼 가는 방법

(1) 숫돌을 이용해 칼 가는 방법

① 양면도 가는 방법

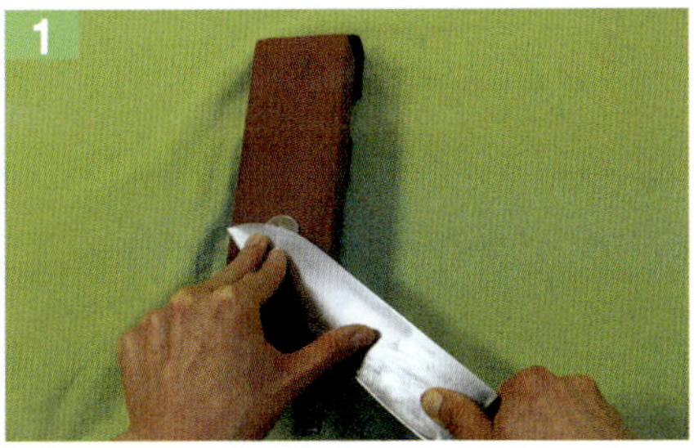

1. 칼날을 내 앞쪽으로 향하게 하고 칼을 숫돌에 45° 각도로 놓는다.
칼등은 100원짜리 동전 두께(10~20도)만큼 들고 검지, 중지, 엄지를 사진과 같이 칼끝에 댄다.

2. 오른손의 엄지로 칼 밑을 누른 다음 칼의 앞쪽에서 칼끝의 약간 밑을 간다. 는 느낌으로 전후로 갈기 시작한다.

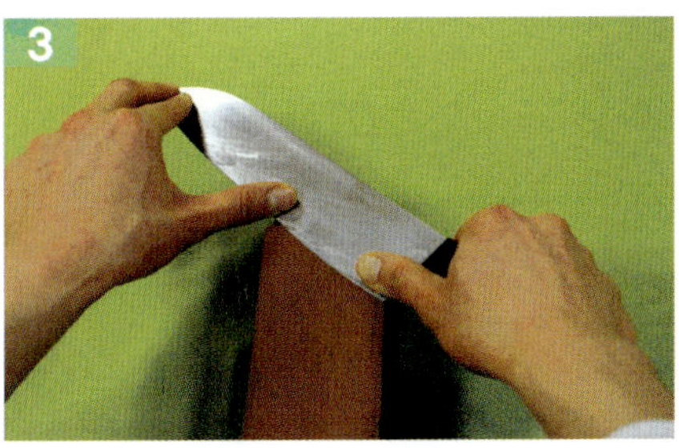

3. 내 앞쪽에서 바깥쪽으로는 힘 있게 밀고, 가볍게 되돌아오도록 간다.

4. 뒷면은 앞면과 동일한 각도로 칼을 놓고 가볍게 밀고 힘차게 돌아온다.
앞면과 뒷면을 1대1의 비율로 갈아준다.

Point

- 칼날의 각도와 힘을 일정하게 주면서 가는 것이 중요하다.
- 앞면을 중심으로 간다.
- 허리는 30° 정도 앞으로 숙인다.

② 단면도 가는 방법

1. 칼끝을 내 앞으로 향하게 하고 칼을 숫돌에 대해 45° 각도로 한다.
2. 숫돌에 칼 앞면을 붙여서 오른손의 엄지로 칼 밑을 누른 다음 내 앞쪽에서 바깥쪽으로는 힘 있게 밀고, 가볍게 되돌아오도록 간다.
3. 지분이 생기면 매끈하게 갈려지므로 수시로 물을 뿌린다.

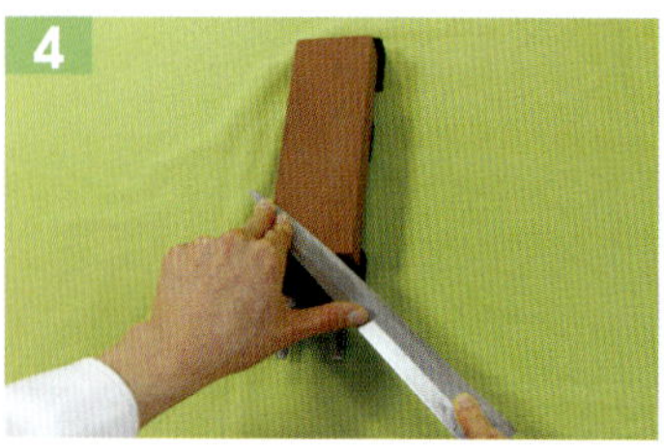

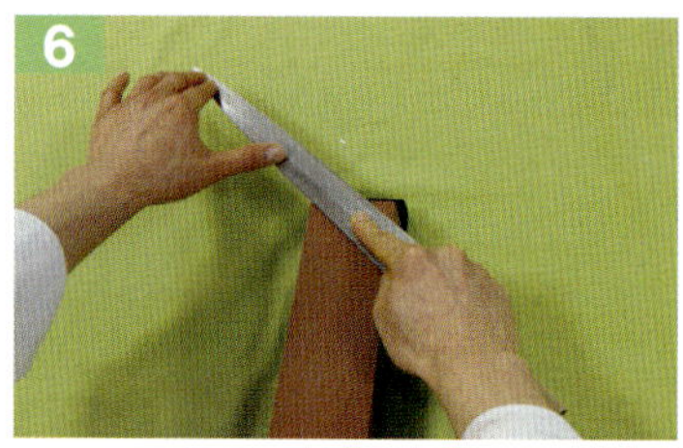

4. 뒷면은 칼등을 내 앞으로 향하게 하고 칼을 숫돌에 대해 45° 각도로 한다.
5. 숫돌에 칼 뒷면을 붙여서 오른손의 엄지로 칼 윗부분을 누른 다음 가볍게 갈아준다.
6. 앞면을 중심으로 갈아주고 뒷면은 마무리하듯, 넘어간 앞면 칼날만 잡아준다. 앞면과 뒷면을 9대1의 비율로 갈아준다. 마무리숫돌을 이용해 동일한 방법으로 다시 한 번 갈아준다.

(2) 줄(야스리)을 이용해 칼 가는 방법

① 줄을 세워서 갈 때

1. 줄을 45° 정도 기울여 왼손으로 잡고 오른손에 칼을 세워 잡는다.
줄과 칼날과의 각도는 20° 정도 유지한다.

2. 줄을 따라 칼날을 아래로 손목을 이용해 움직인다.

3. 칼끝이 줄에 닿을 때까지 줄과 칼날을 접촉시킨다.

4. 줄의 바깥쪽 부분에 칼날의 반대쪽을 대고 같은 방법으로 갈아준다.

② 줄을 밑으로 향해서 갈 때

1. 수직으로 줄을 잡고 줄 한쪽 면에 칼굽부터 된다.
   줄과 칼날과의 각도는 20° 정도 유지한다.
2. 약간 힘을 주고 손목이 아닌 팔을 움직이며 부드러운 동작으로 줄 자루 아래로 밀어준다.
3. 자루를 따라 칼날이 내려가면서 칼끝이 이동을 하게 한다.

4. 줄의 다른 쪽 부분에 칼날을 대고 같은 방법으로 갈아준다.

3. 도마 사용방법 및 관리

최근 특정 식품에 특정 도마를 사용함으로서 음식의 특색을 살리고, 음식을 섞어 쓰면서 생길 수 있는 교차오염을 막기 위해서 다섯 가지 색 도마를 많이 사용하고 있다.

육류는 빨간색 도마, 어패류는 파랑색 도마, 야채는 초록색 도마, 과일은 노란색 도마, 빵이나 즉석재품은 흰색 도마 등 까다로운 원칙을 통해 위생 사고를 크게 줄이고 있다.

과거에는 목재로 된 조리도구를 많이 사용했으나 최근에는 세균번식을 우려해서 합성 프라스틱 조리도구를 권장하고 있으며, 목재로 된 제품은 무겁고 단단한 재질이 좋다.

나무 도마를 오래 쓰다보면 움푹 패 들어가는데 그 깎인 부분이 식재료에 묻어 음식에 함유될 수 있다.

도마를 사용할 때에는 먼저 물로 세척하고 사용하며 도마 밑에 젖은 행주를 깔아 도마가 미끄러지지 않도록 해야 한다.

목제 도마는 물을 충분히 흡수하도록 하여 식재료가 도마에 달라붙는 것을 방지하고, 재료의 냄새나 피와 같은 물질이 묻었을 때 쉽게 세척될 수 있게 해준다.

1) 도마의 종류 및 특징

도마는 목제와 합성수지제 두 가지로 구분할 수 있다.

목제 도마는 식재료가 미끄러지지 않고 칼의 날도 오래 가지만, 세균번식이 용이하고 세척 및 소독시 불편함이 있다.

반면 합성수지 도마는 세균번식이 어려우며 위생적이고 세척과 소독이 쉬운 반면 칼이 미끄러지기 쉽고, 튀는 느낌이 든다. 또한 칼날이 쉽게 마모되는 단점이 있다.

고기나 생선을 자른 후에는 뜨거운 물로 닦으면 단백질이 도마에 응고되어 닦기 어려우니 일단 찬물로 닦아 내고 마지막에 뜨거운 물로 씻어낸다.

어떤 소재의 도마를 사용하는가 보다는 어떻게 도마를 관리하는가에 더 초점을 두어야 하며 도마는 용도별로 2개 이상 사용하고, 2~3일에 한번씩 여러 가지 방법으로 살균한다.

2) 도마의 관리

교차 오염을 막기 위해서 도마를 색깔별로 사용하는 것이 무엇보다도 중요하며, 사용하고 나서는 곧바로 세척과 살균을 철저하게 해야 한다.

(1) 목제 도마 관리

목제 도마는 칼을 사용하면서 작은 칼집이 많이 생겨나게 되고, 그 사이에 찌꺼기가 끼어 세균으로부터 무방비 상태가 된다.

그렇기 때문에 사용한 도마는 즉시 소금 등으로 닦아 말려주며, 일광소독이나 자외선 살균기에 넣어 세균으로부터 멀리 할 수 있도록 관리해야 한다.

또한 도마를 두 개로 번갈아 가면서 관리해 주거나 여건상 한 개만 사용할 경우에는 일광소독을 하기 어려우므로 인체에 무해한 세제 등을 이용해 깨끗이 세척하여 건조시킨다. 간혹 끓인 물을 부어 열탕소독을 하기도 하지만 너무 자주하면 나무가 빨리 썩을 수 있으므로 너무 자주 하지 말아야 한다.

도마의 상태에 따라 대패로 깎아주어 조리시 목제 도마 찌꺼기가 음식에 섞이지 않도록 하는 것이 무엇보다도 중요하다.

(2) 합성수지 도마 관리

목제 도마에 비해 관리가 수월하여 최근 사용을 많이 하고 있다.

특히 교차 오염을 막기 위해 색깔별로 사용하기 쉽고, 사용 후에도 손쉽게 락스 등을 이용해 살균 처리할 수 있다.

사용 후에는 찌꺼기 제거 → 세척 → 헹굼 → 소독제 사용 → 헹굼 → 건조 → 자외선 살균기 보관 등의 순서에 따라 처리한다.

4. 행주사용 및 관리

행주는 가장 많이 세균에 노출되는 주방용품이다.

항상 젖어 있고, 주방의 오염물 등을 닦아내기 때문에 위생에 각별히 신경을 써야 한다.

대표적인 세균은 비브리오균과 대장균 등이다.

행주는 되도록 용도별로 여러 장 나누어서 사용하는 것이 좋으며, 1회용 행주의 경우 너무 오랫동안 사용하지 말아야 한다.

면 행주는 매일 삶아서 사용하며, 매일 삶기 어려울 경우 전자레인지를 이용해 사용한다.

전자레인지 전용 그릇에 젖은 상태의 행주를 넣고 5분 가량 가열시킨다.

건조시에도 식기건조기나 싱크대에 얹어 말리지 말고 반드시 채광이 있는 곳에서 빨래 건조대를 이용해서 말린다.

생활의 지혜 - 도마 사용

※ 도마 위에 우유팩을 놓고 칼질하면 자국이 안 생긴다.

- 나무 도마에 고기나 생선을 올려 놓고 힘주어 칼질하게 되면 칼자국이 생길 뿐 아니라 그 속에 세균이 서식할 우려가 있다.
- 이 때 깨끗이 씻은 우유팩을 깔고 작업을 하면 좋다.

※ 얼룩과 냄새를 없애려면 소금이나 식초 등으로 도마를 세척한다.

- 어류나 김치를 손질하고 난 후에 남아 있는 얼룩과 냄새를 없애려면 굵은 소금으로 팍팍 문질러 준 다음 세척하여 뜨거운 물로 헹구어 건조시킨다.
- 심할 경우에는 식초나 레몬즙을 바르고 건조시킨다.

5. 수세미 관리법

수세미에서도 세균이 다량 발생하고 있다.

그것도 모르고 수세미로 열심히 그릇을 닦아 내는데, 수세미는 최대한 자주 바꿔줘야 한다.

수세미를 아끼는 것 만큼 어리석은 것은 없다. 좋은 수세미를 오래 사용하는 것보다 싼 수세미를 자주 바꾸어 주는 것이 훨씬 좋다. 최소 1~2일에 한 번씩 수세미를 소독해야 한다.

수세미를 한번 삶아주거나 비닐봉지나 사기그릇에 물에 젖은 수세미를 넣고 전자레인지에 2분 정도 돌려주면 살균된다.

6. 칼 사용 방법

1) 잡는 방법

(1) 양면도

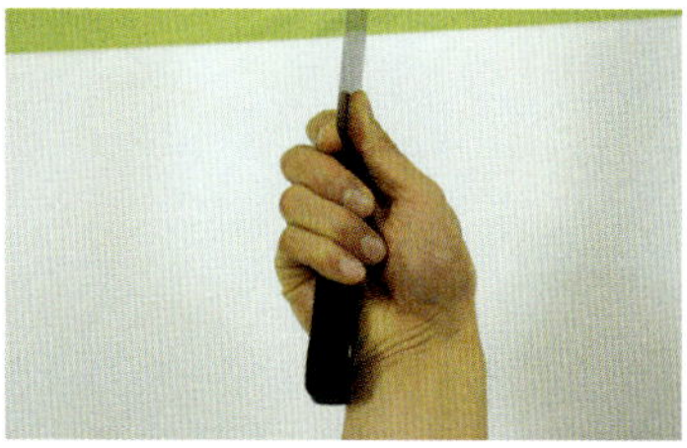
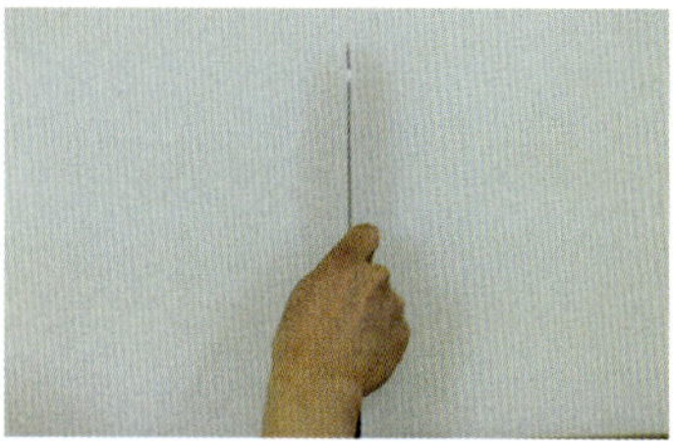

• 검지에 칼을 올려 중지를 칼 턱밑의 들어간 곳에 대고 약지와 새끼손가락으로 감싸듯이 잡는다.

(2) 단면도

① 야나기바

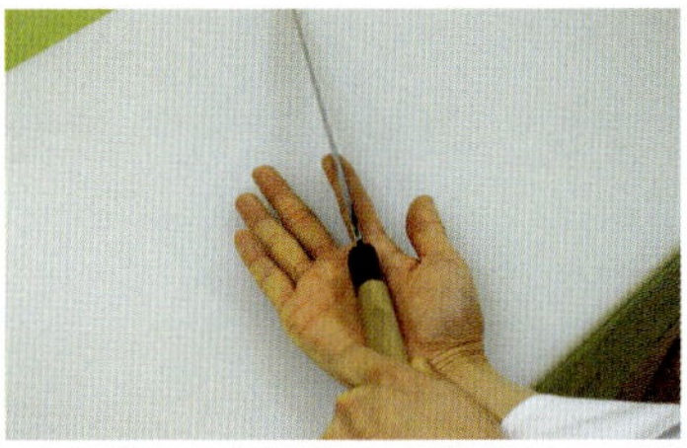
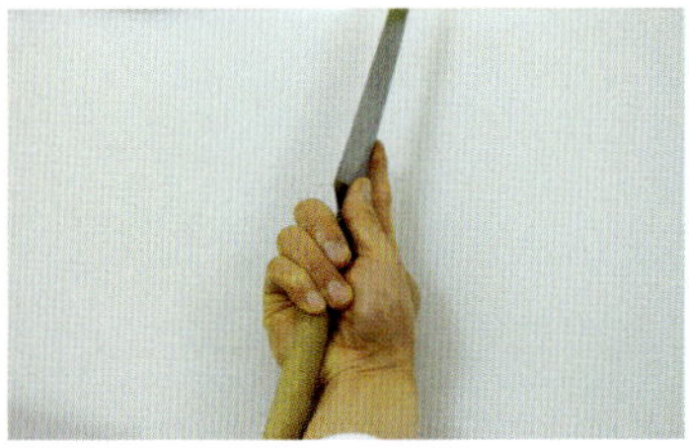
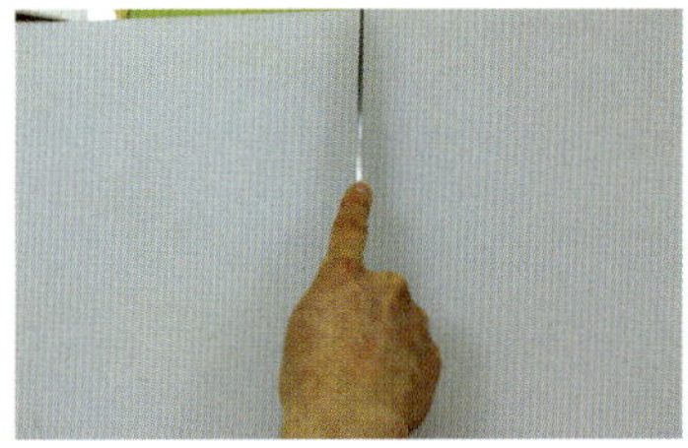

- 검지를 칼등에 대고 엄지로 칼 밑을 바쳐서 칼을 안정시킨다. 중지는 가볍게, 약지와 새끼손가락으로 힘 있게 잡는다. 칼 밑에서부터 대고 잡아당기듯이 자른다.

② 데바

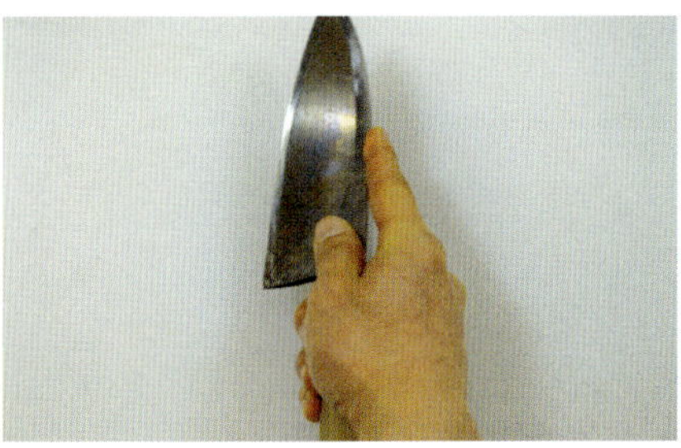
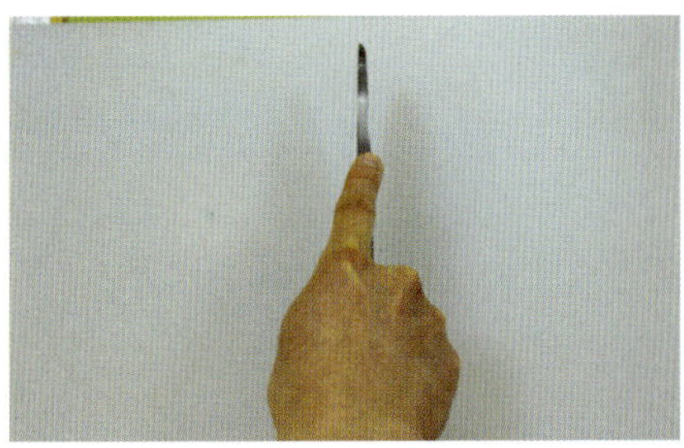

- 데바는 칼이 무거워 힘이 많이 들어가는 작업을 할 때 많이 사용하므로 더욱 안전하게 쥐어야 한다.
  검지를 칼등에 대고 엄지로 칼 밑을 바쳐서 칼을 안정시키고 중지는 가볍게 약지와 새끼손가락으로 힘 있게 잡는다.

2) 칼질 방법

양면도를 잡고 칼질하는 자세

- 도마와 사람 사이에 주먹하나 들어갈 정도의 간격을 벌려준다.
- 칼은 도마와 30° 정도의 각도로 한다.
- 발은 어깨넓이 정도 벌려 주로 사용하는 발을 45° 각도로 뒤로 조금 옮긴다.
- 식재료와 칼날은 90° 가 되도록 한다.

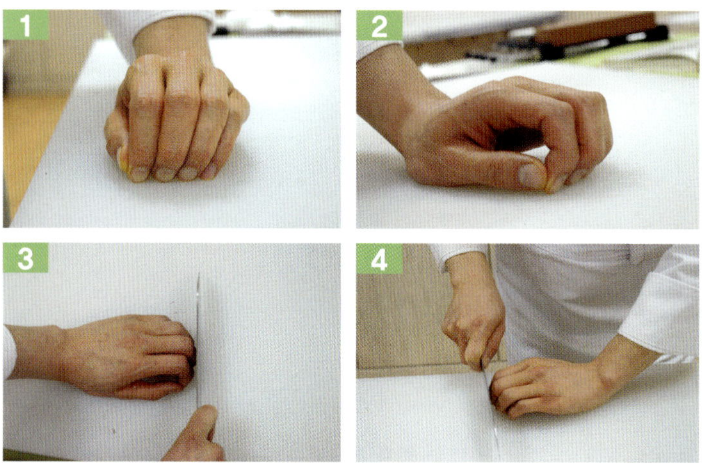

1. 칼질할 때의 왼손의 형태를 위에서 본 모습
2. 칼질할 때의 왼손의 형태와 손가락의 형태를 정면에서 본 모습
3. 칼질할 때 우측면에서 본 모습
4. 칼질할 때 위에서 본 모습

(1) 양면도 칼질 방법

① 당겨썰기

칼을 당기면서 써는 방법으로 야채 등을 Slice 할 때 사용하는 방법.

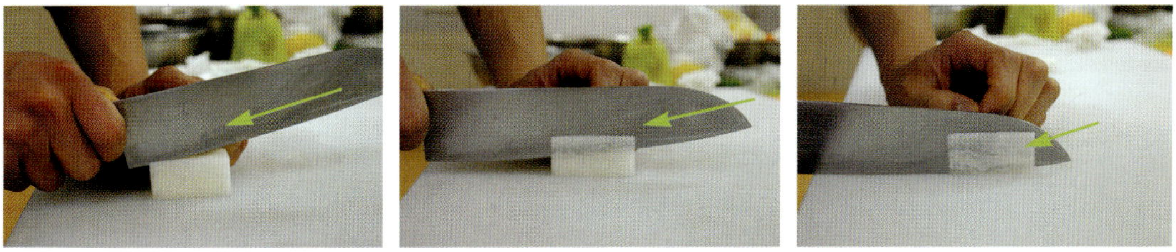

- 칼끝에 식재료를 놓고 잡아당기면서 힘을 가해 썬다.
- 주로 야채 등과 같이 부드러운 식재료를 자를 때 이용하는 방법으로 보통 서양요리에서 많이 쓰는 칼질 방법이다.

② 밀어썰기

칼을 밀면서 써는 방법.

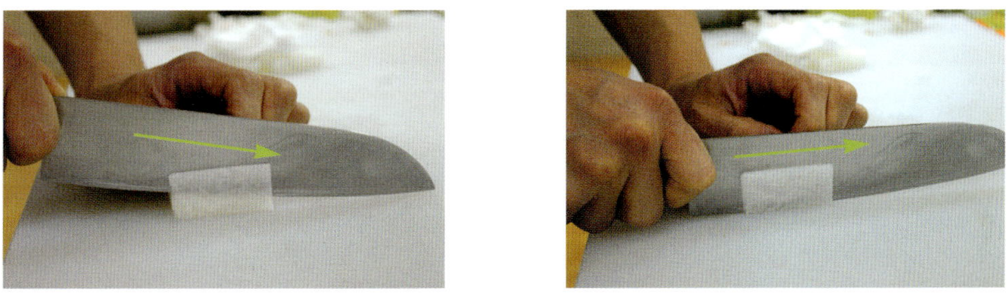

- 주로 야채 등과 같이 부드러운 식재료를 자를 때 이용하는 방법으로 보통 한국이나 일본에서 많이 쓰는 칼질 방법이다.

③ 칼끝을 이용해 썰기

모양이 흐트러짐 없이 야채나 오징어 등을 자를 때 이용하는 방법이다.

② 단면도 칼질 방법

생선회칼(야나기보죠)의 사용방법은 자르는 방법에 따라 여러 방법이 있다.

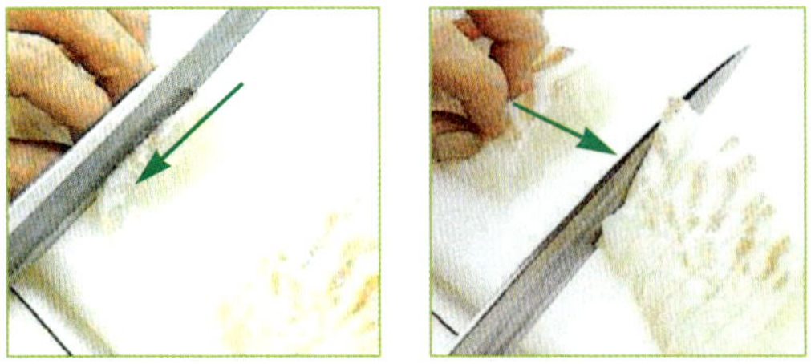

- 칼을 잡아당기면서 자른 후 옆으로 옮겨 놓는 방법

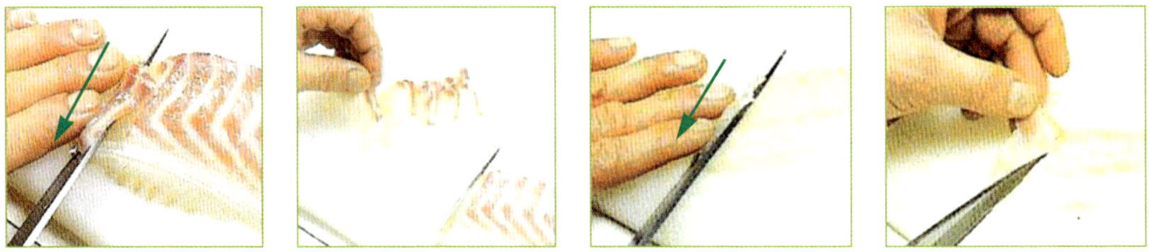

- 칼날이 45° 정도 왼쪽으로 향하도록 하여 잡아당기면서 잘라 한 장씩 옮겨놓는 방법

❁ 칼 사용시 안전 수칙

- 칼은 제작된 목적 이외에 사용해서는 안 된다.
- 용도에 알맞은 칼을 사용해야 한다.
- 칼날이 무디면 더 안전하지 못하다.
  (칼날이 무디면 힘을 가하게 되고, 결과적으로 칼날이 미끄러져 나갈 수 있고 힘이 더 든다.)
- 칼을 갈 때에는 주의를 기울여야 한다.
- 칼을 보이지 않는 곳에 두거나 물이 든 개수대 등에 담아 두지 않는다.
- 주방에서 칼을 들고 다른 장소로 이동할 때에는 칼끝을 정면으로 두지 않으며, 칼끝을 위로 향하게 하고 칼날은 뒤로 가게 한다.
- 칼을 떨어뜨렸을 경우 잡으려하지 말고 물러서서 피한다.
- 칼을 사용하지 않을 때에는 안전함에 넣어서 보관한다.

7. 야채 자르기

1) 야채 모양내기

야채를 이용한 여러 가지 모양내기

(1) 돌려깎기 방법

① 단면도 (일식 방법)

무 돌려깎기 및 채썰기

- 무는 9㎝ 정도로 잘라 표면이 매끄럽게 껍질을 한번 벗겨낸다.
- 칼날에 양손 엄지를 갖다 대고 칼을 위, 아래로 움직이며 0.5~1㎜ 정도의 얇

기로 돌려 깎는다.

- 돌려깎기 한 무를 겹쳐 가늘게 체 썬다.
- 가늘게 체 썬 후 물에 담가두었다가 사용.

- 세로로 썬 겡 - 세울 때 사용(타데쯔마)
- 가로로 썬 겡 - 밑에 깔 때 사용 (시키쯔마)

② 양면도 (양식 방법)

사과 돌려깎기

- 사과의 양쪽 끝부분을 수평이 되게 자른다.
- 왼손으로 사과 꼭지부분이 엄지손가락에 오도록 잡고, 나머지 손가락으로 다른 꼭지부분을 잡는다.

- 왼팔은 겨드랑이에 가볍게 붙이고 손목은 안쪽으로 구부려서 잡는다.

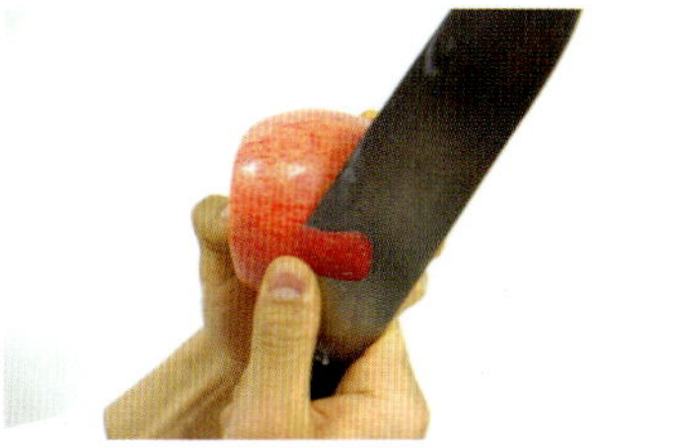

- 칼 잡는 방법은 오른손의 검지와 중지가 칼의 면쪽에 위치하게 하고 무명지와 약지로 칼의 손잡이를 잡는다.
- 엄지손가락은 칼 면과 칼날 위에 가볍게 올려 놓는다.
- 중지의 가운데 부분이 사과를 평행으로 자른 부분의 가운데에 위치하도록 하여 돌려깎기를 할 때 중심축의 역할을 한다.
- 사과와 칼의 각도가 45° 정도가 되게 한다.
- 칼을 잡은 오른손을 팔목만 왼쪽으로 향하게 하여 바깥쪽에서 안쪽으로 돌려 깎는다.
- 처음 시작할 때는 사과를 천천히 돌려 깎는다.
- 중심측이 움직이지 않게 손목만을 움직여서 사과를 돌려깎기 한다.

- 연속동작으로 사과를 돌려 깎는다.
- 사과 돌려깎기가 완성된 모양.

(2) 매화꽃 만들기

A형

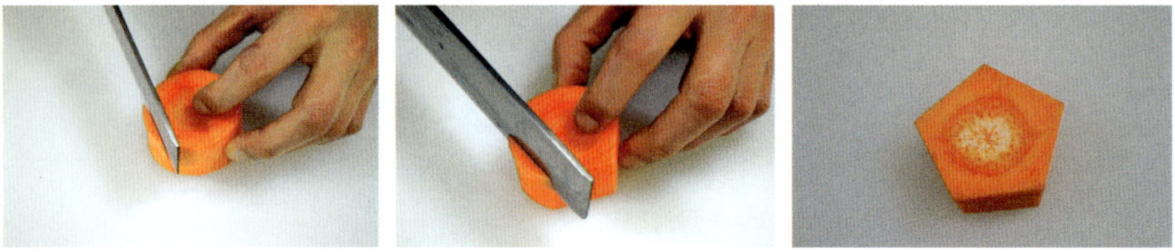

- 두께 2~3cm의 둥근 모양으로 자른 후 정오각형을 만든다.

- 측면마다 중앙에 칼금을 넣어 모서리에서 칼금 넣은 쪽으로 잘라낸다.
- 5면 모두 잘라내면 별모양 또는 꽃잎모양이 된다.

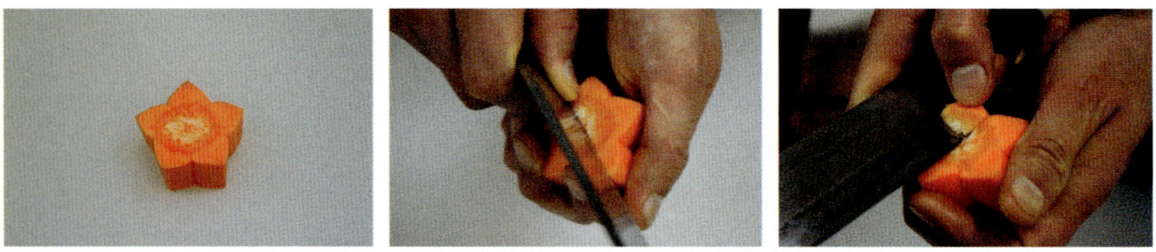

- 별모양(꽃잎모양)이 완성된 모습
- 윗부분 안쪽으로 들어가 있는 모서리쪽에 칼금을 넣는다.

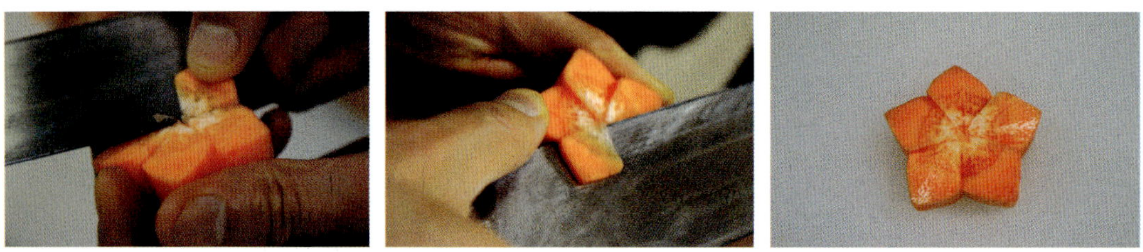

- 칼금에서 다음 모서리 칼금까지 비스듬히 잘라낸다.
- 다섯 잎 모두 잘라내면 완성.

B형

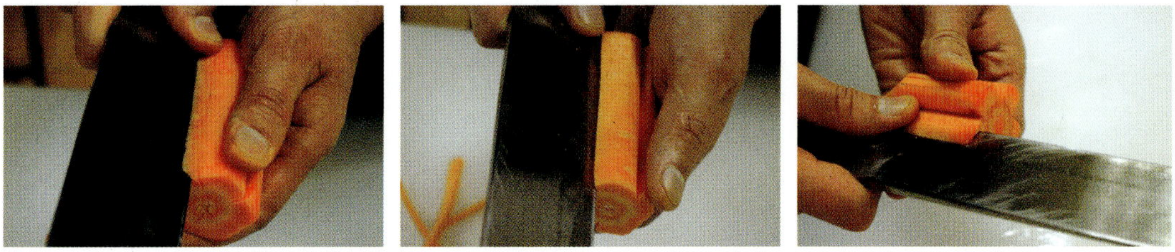

- 정오각형 기둥을 만든다.
- 측면마다 중앙에 칼금을 넣고 모서리에서 칼금 넣은 쪽으로 잘라낸다.

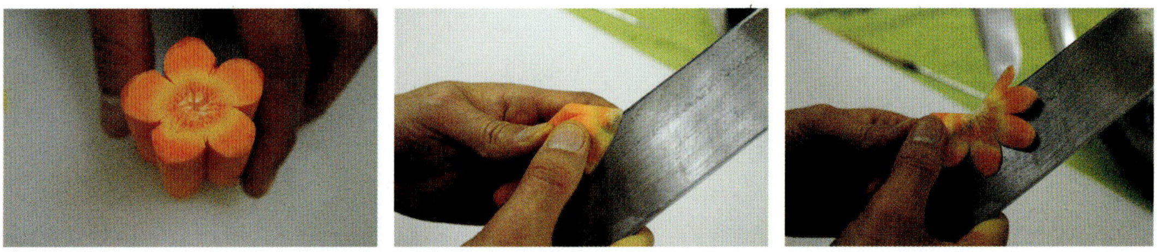

- 5면 모두 잘라내면 꽃잎모양이 된다.
- 연필모양으로 만든 뒤 돌려깎기 한다.

- 얇게 돌려 깎다보면 꽃잎이 말린 형태가 된다.

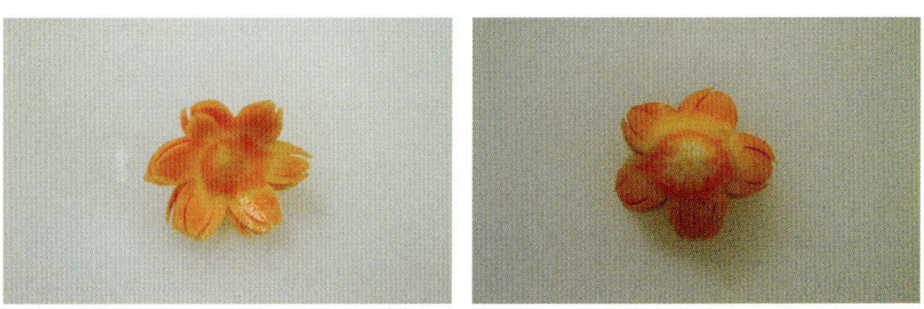

- 꽃잎에 양쪽으로 칼집을 한번 씩 더 넣어준 모양.

(3) 국화 만들기

A. 국화

- 무를 2~3cm 두께로 잘라 준비한다.
- 밑으로 5mm 정도 남겨 두고, 종횡으로 1~2mm간격으로 격자모양의 칼집을 낸다. (나무젓가락을 양쪽에 넣고 칼집을 넣으면 밑까지 잘라지지 않으므로 안심할 수 있다)

- 2~3cm 크기의 정사각형으로 잘라다.
- 소금물에 담가 부드러워지면 물기를 뺀 후 단식초물에 담가 절여둔다.

  (단식초－물 60cc, 식초 30cc, 설탕 30g, 소금2.5g)
- 물기를 제거하고 국화꽃 모양으로 만든다. (국화위에 색 있는 다른 야채로 꽃 수술을 올린다)

B. 국화

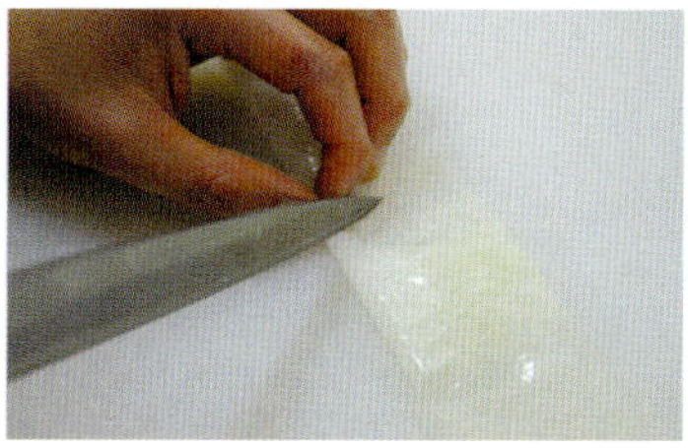

- 무는 9㎝ 정도로 잘라 25㎝가 되도록 돌려깎기 한다.
- 돌려깎기한 무를 가로로 반으로 접어 1/3을 남겨놓고 비스듬히 5㎜간격으로 자른다.

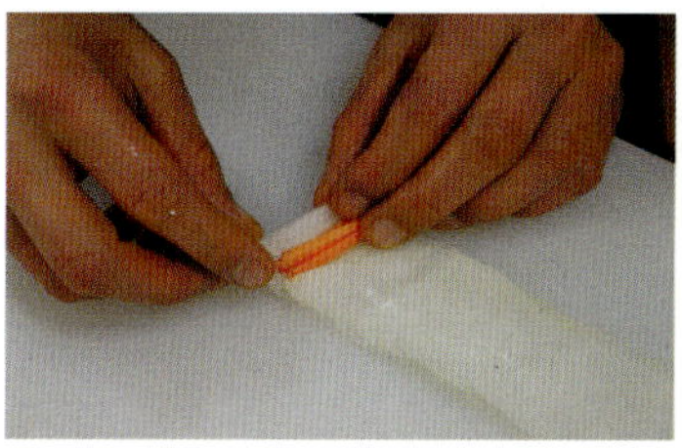
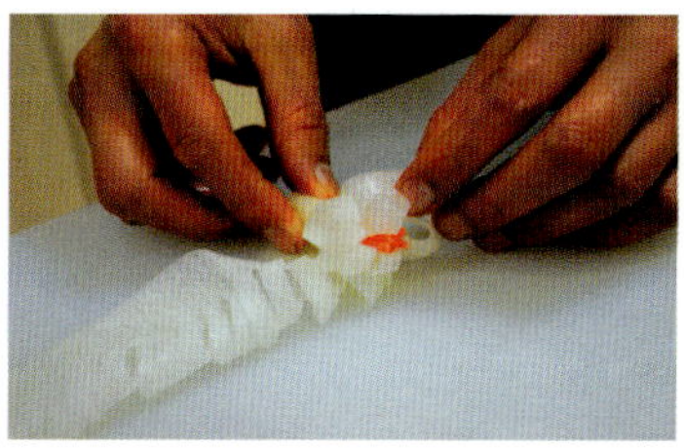
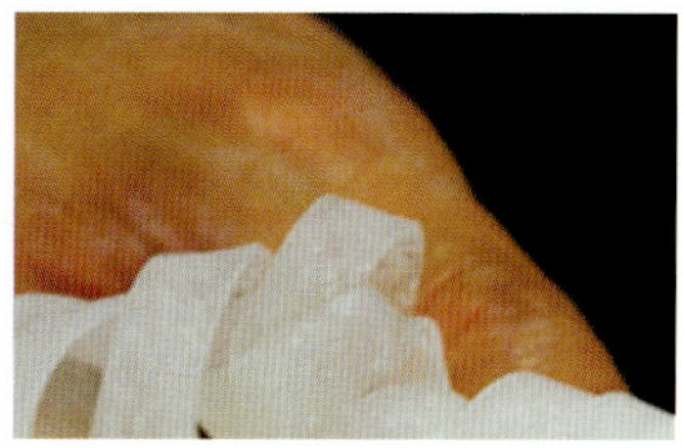

- 오이나 당근 등으로 꽃술을 만들어 준비된 무를 말아서 꼬챙이로 고정시킨다.

- 완성된 국화꽃

(4) 그물 만들기

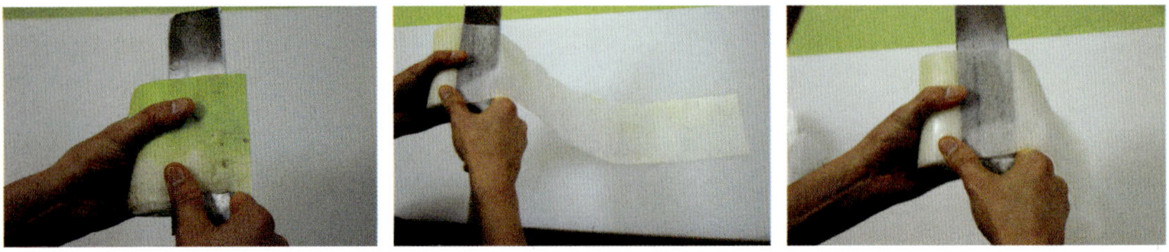

• 무는 9㎝ 정도로 잘라 30㎝가 되도록 돌려깎기 한다

• 돌려깎기한 무를 소금물에 절려 물기를 제거한 후 8㎝ 정도로 접어서 말아준다.

• 접은 무를 양쪽에 3㎝ 정도씩 자른다.

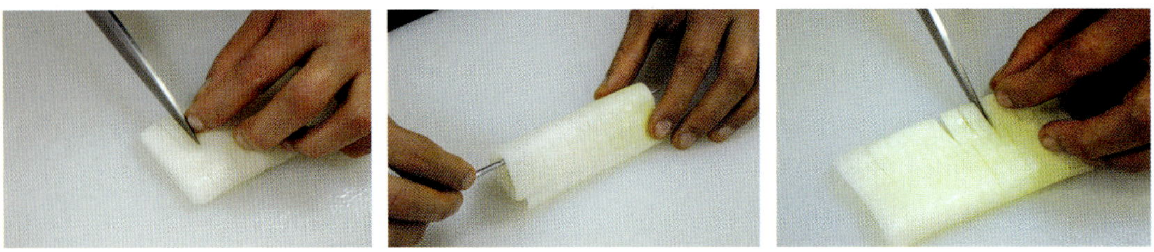

• 중심에 잘라지지 않은 부분을 젓가락으로 끼워 잘라지지 않는 부분이 양쪽에 오도록 하여 3㎝ 정도씩 자른다.

• 완성된 그물모양 무

(5) 나비모양 만들기

- 당근을 5㎝ 길이로 자른 다.
- 한쪽 면을 직각이 되도록 자른 후 둥근 부분을 매끄럽게 껍질을 벗겨낸다.

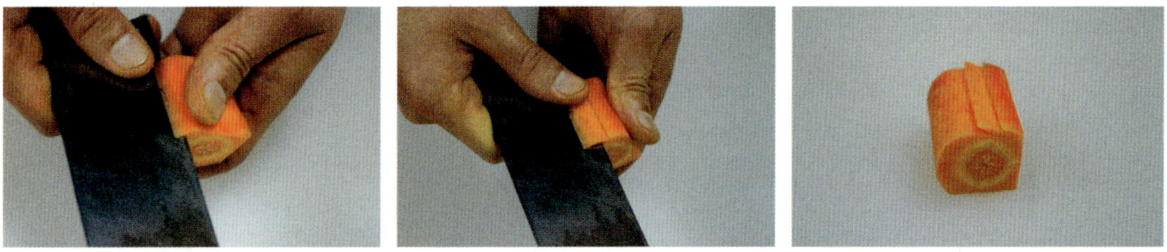

- 윗부분에 2개의 칼집을 넣어준다.

- 1㎜ 정도 두께로 끝부분을 0.5㎝ 정도 남기고 한 번 더 잘라준다.

- 나비 앞부분을 접을 수 있게 두 번의 갈집을 넣어 준 다음 접어서 나비를 만든다.

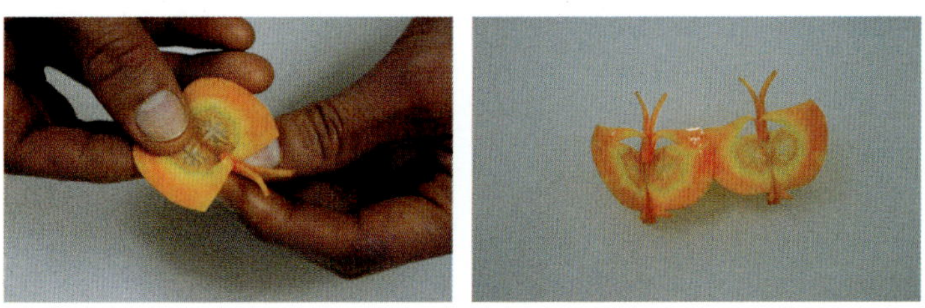

- 완성된 나비모양 당근

(6) 소나무모양 만들기

- 오이를 10㎝ 길이로 자른 후 1/3정도 잘라 낸다.

- 껍질 쪽으로 길게 1/3 정도 남기고 칼집을 넣는다.
- 끝부분을 2~3㎝ 정도 대각선으로 잘라낸다.
- 칼을 비스듬히 눕혀 앞으로 당기면서 끝부분이 조금 남도록 자른다.
- 윗부분은 칼을 비스듬히 눕혀 밀면서 끝부분이 조금 남도록 자른다.
- 위와 같은 방법으로 3~4회 반복한다.

- 완성된 소나무 모양 오이

(7) 부채모양 만들기

- 오이를 5㎝길이로 자르고 4등분한다.
- 씨를 제거하고 평평하게 만든다.
- 한쪽 끝을 5㎜만 남기고 두께 1㎜ 정도의 칼집을 세로로 5~7개 정도 낸다.
- 위 사진처럼 펼쳐준다.

(8) 왕관모양 만들기

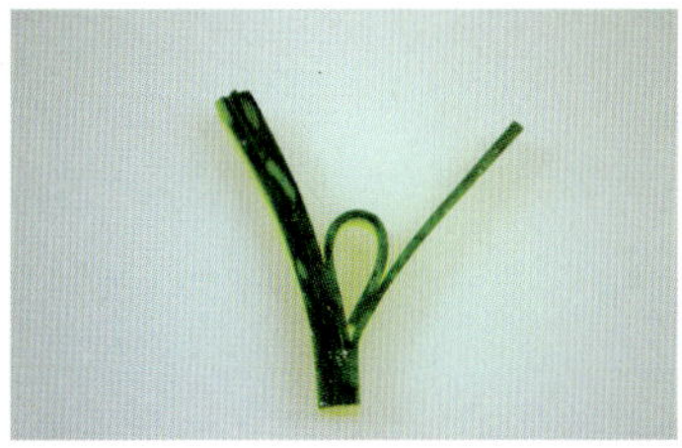

- 오이를 5㎝ 길이로 자르고 4등분한다.
- 씨를 제거하고 평평하게 만든다.
- 한쪽 끝을 8㎜만 남기고 두께 2㎜ 정도의 칼집을 세로로 4개 낸다.
- 양쪽 끝과 가운데 부분을 남기고 나머지 2개를 바깥쪽으로 접어준다.

- 완성된 왕관모양 오이

(9) 공 모양

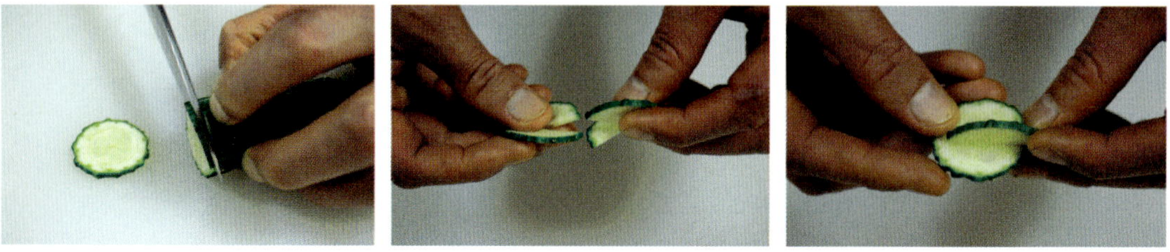

- 3㎜ 정도 두께로 둥글게 2개의 오이를 잘라준다.
- 자른 오이를 1/2 정도 칼집을 넣어 끼워준다.

(10) Olivette(올리벳트)만들기

중간부분이 둥근 올리브모양으로 써는 방법

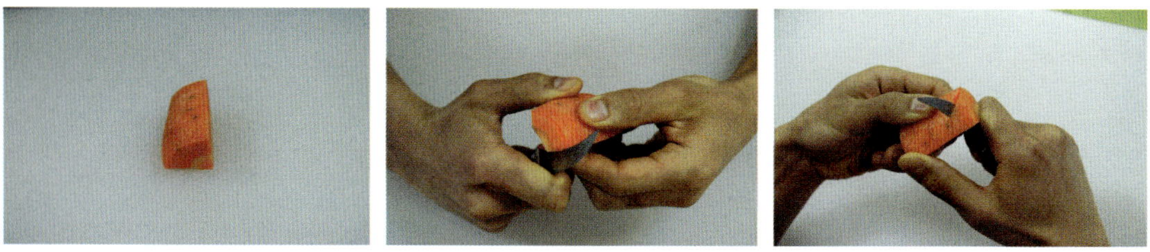

- 당근을 1/4등분하다.(가늘 경우 통째로 깎는다)

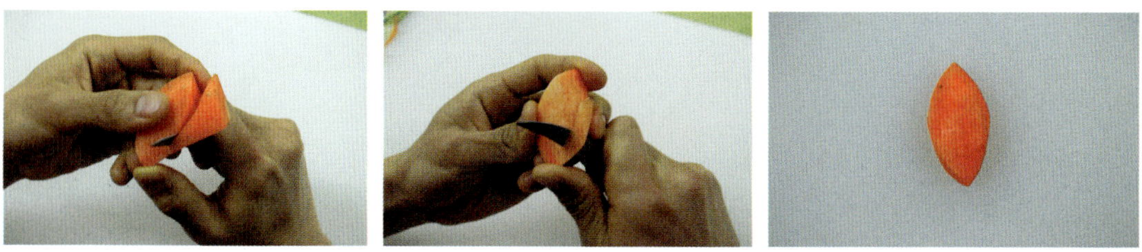

- 작은 칼로 쉬지 않고 한 번에 깎아야 면이 깨끗하다.

2) 야채를 이용한 접시 모양내기

(1) 방울토마토를 이용한 접시 모양내기

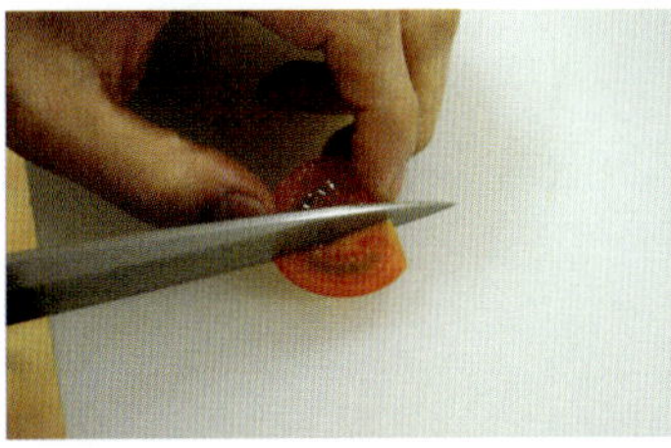

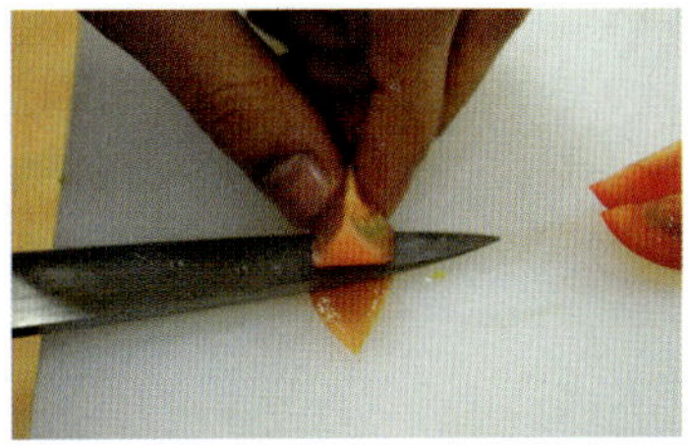

- 방울토마토를 1/6등분하여 끝부분을 조금 남기고 껍질을 벗긴다.

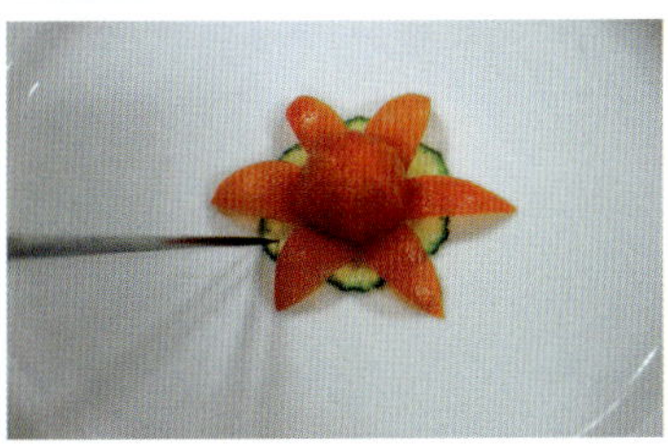

- 접시 가운데에 꽃모양으로 가지런히 담는다.
- 오이를 얇게 잘라 밑에 깔아준다.

(2) 오이와 오렌지를 이용한 접시모양내기

A형

- 오이를 사선으로 끝부분을 조금 남기고 두께 2㎜ 정도로 2개의 칼집을 내고 세번째 잘라낸다.
- 잘라둔 오이 가운데 부분을 끼워 접는다.

- 여러 개를 만들어 접시 일부에 겹쳐 놓는다.
- 나머지 부분을 레몬이나 오렌지 등을 반으로 잘라 슬라이스 하여 접시 테두리에 보기 좋게 담아 준다.
- 방울토마토나 딸기 등으로 레몬 사이에 슬라이스 하여 올려놓는다.

B형

- 세로로 2등분한 오이 윗부분에 홈을 낸다.
- 오이를 사선으로 끝부분을 조금 남기고 두께 2㎜ 정도로 7~8개의 칼집을 내어 손바닥으로 가볍게 눌러 펴 나뭇잎 모양을 만든다.

- 두 개의 나뭇잎 모양을 만들고 양쪽에 놓고 중앙에 당근 꽃이나 레몬, 방울토마토 등으로 장식한다.
- 비어 있는 부분을 파슬리로 채워 놓는다.

(3) 사과를 이용한 접시 모양내기

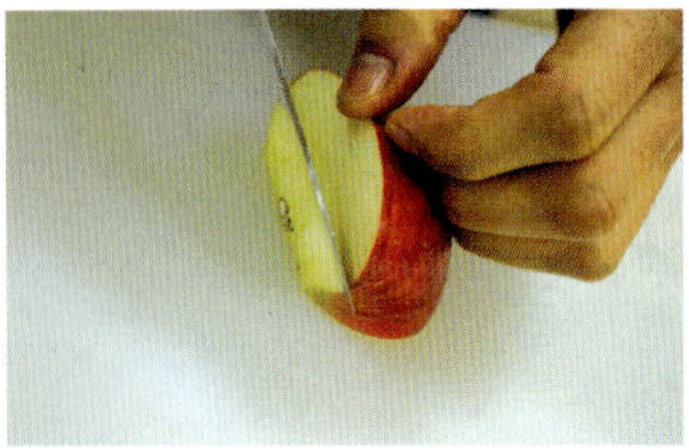
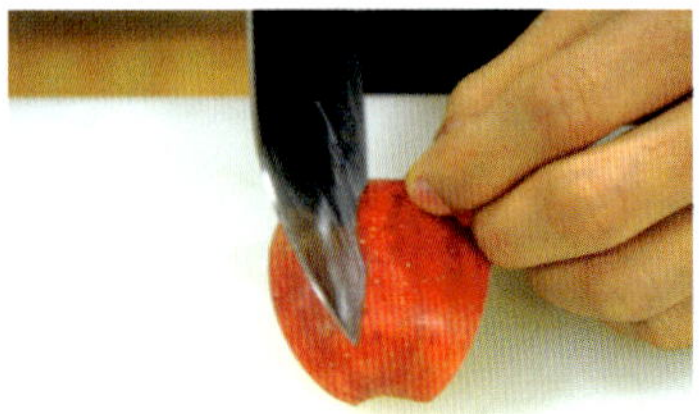

- 사과를 1/4등분하여 씨 부분을 잘라 평평하게 만든다.
- 껍질을 위쪽으로 놓고 중앙에서부터 비스듬히 3㎜ 두께 V자 형태로 칼집을 넣는다.

- 안쪽에서 바깥쪽으로 3㎜ 두께 V자 형태로 4~5개정도 만들어준다.
- 자른 사과를 조금씩 비켜 단면이 보이도록 모양을 낸다.
- 접시에 담고 파슬리 등으로 채워준다.

8. 엽란을 이용한 모양내기

- 엽란을 깨끗이 닦아낸다.
- 가운데 심이 있는 부분을 잘라낸 후 4등분 한다.
- 세로로 반을 접고 사진과 같이 잘라낸다.

7. 어류손질법

1) 도미

(1) 도미 손질법(도미 오로시 방법)

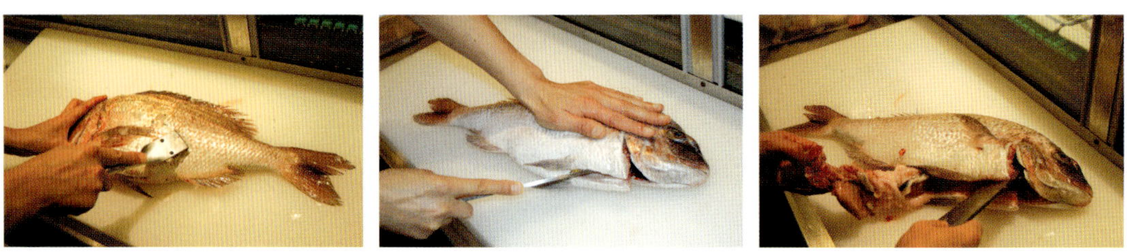

- 도미의 비닐을 제거한 후 아가미에 칼끝을 대고 아가미를 자른다.
- 아가미 밑으로 칼을 넣고 배를 가른다.
- 아가미를 제거하면서 내장까지 단번에 잡아당긴다.

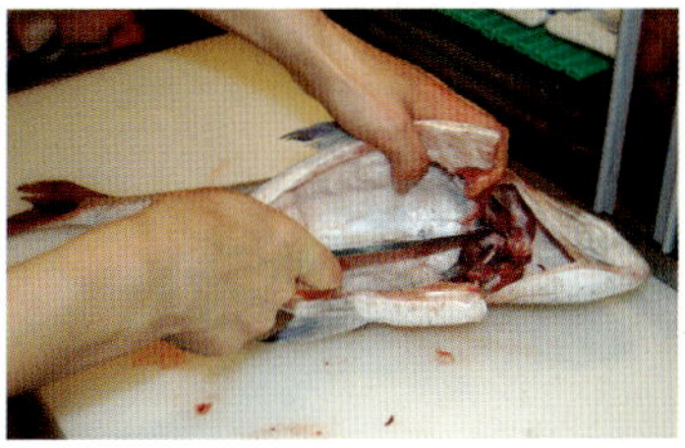
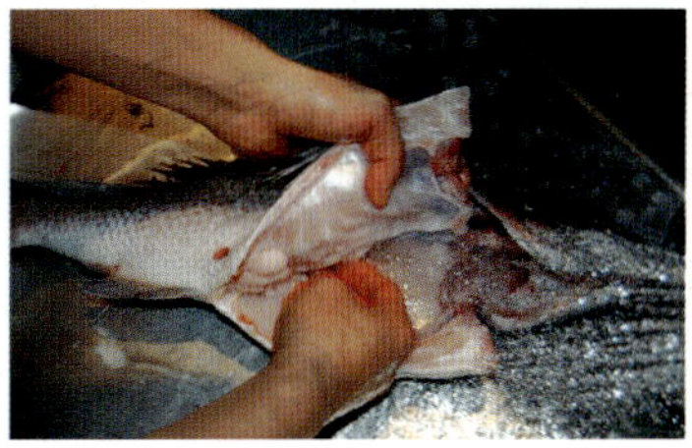

- 내장을 감싸고 있던 막을 제거하여 굳어 있는 피를 제거한 후 물에 깨끗이 씻어 물기를 제거한다.
- 가슴지느러미를 들어 올린 다음 머리 쪽까지 칼을 넣는다.

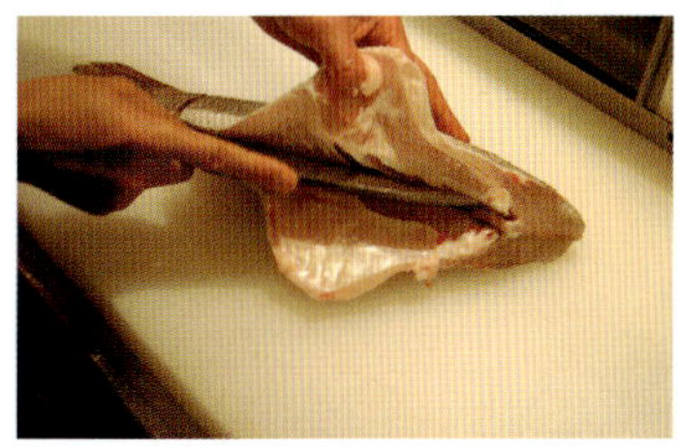

- 반대편도 가슴지느러미에서 머리끝부분까지 칼을 넣은 후 척추뼈를 잘라 머리를 완전히 제거한다.
- 꼬리에 칼집을 넣어준다.
- 뱃살을 살짝 들어 올린다.

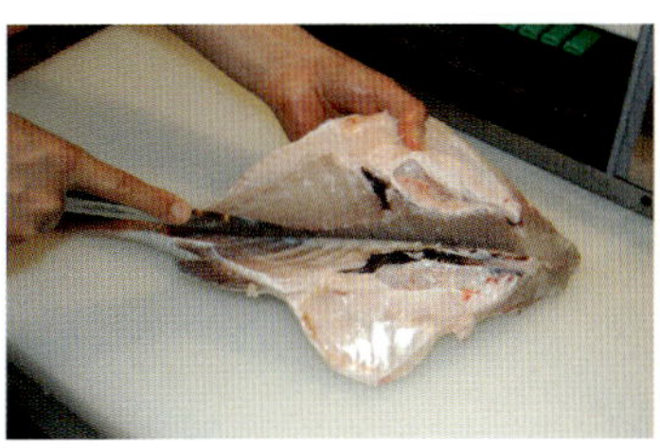

- 데바 끝을 옆으로 눕혀 중심에서 등 쪽으로 칼날을 뼈에 밀착시켜 사진처럼 뼈에서 살을 발라낸다.

- 같은 방법으로 반대쪽도 뼈에서 살을 발라낸다.
- 3장뜨기 완성

- 데바의 칼날을 오른쪽 방향으로 45° 향하게 하고, 칼끝은 갈비뼈와 살 사이에 넣어 갈비뼈가 있는 형태대로 칼집을 넣는다.
- 조금 떨어져 있는 갈비뼈와 살 사이에 칼을 넣고 갈비뼈만 도려낸다.

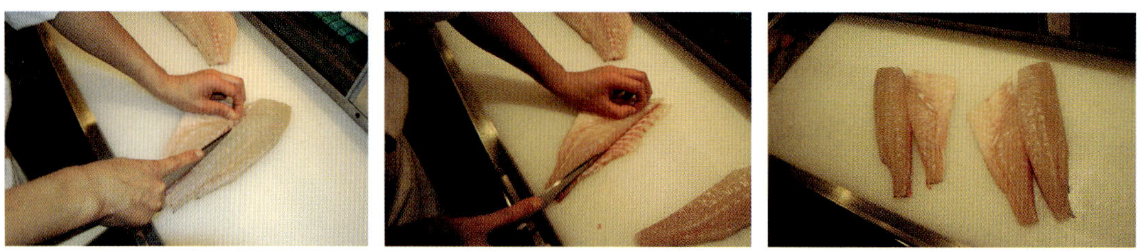

- 지아이가 한쪽으로 붙어 있게 하여 반으로 잘라준다.
- 지아이가 붙어 있는 쪽의 살에서 지아이를 제거한다.

• 껍질 쪽을 밑에 두고 꼬리를 왼쪽에 놓은 다음 칼을 눕혀 칼날을 오른쪽으로 향하게 하고 도마와 평행하게 밀착시켜 껍질과 살 사이에 칼을 넣는다.
• 껍질은 왼손으로 잡아당기면서 오른손에 잡은 칼은 오른쪽으로 밀쳐내듯 잡아당기며 껍질을 벗겨낸다.

(2) 도미머리 손질법

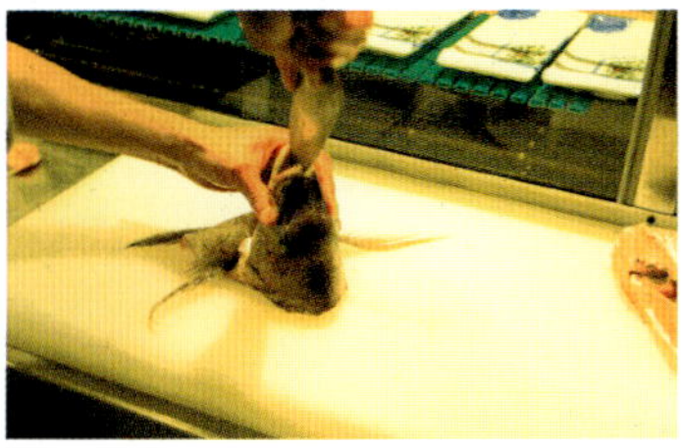

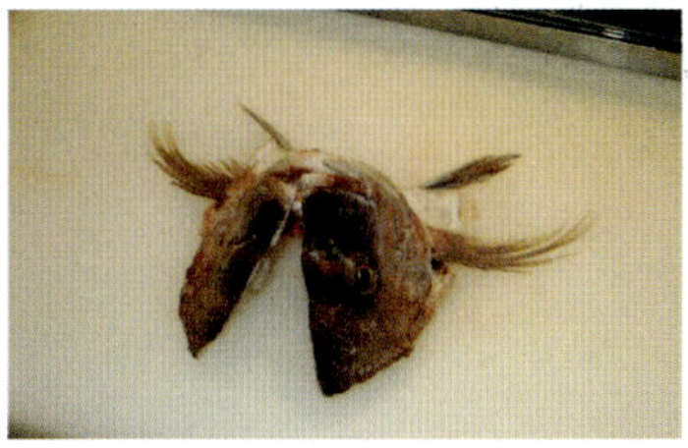

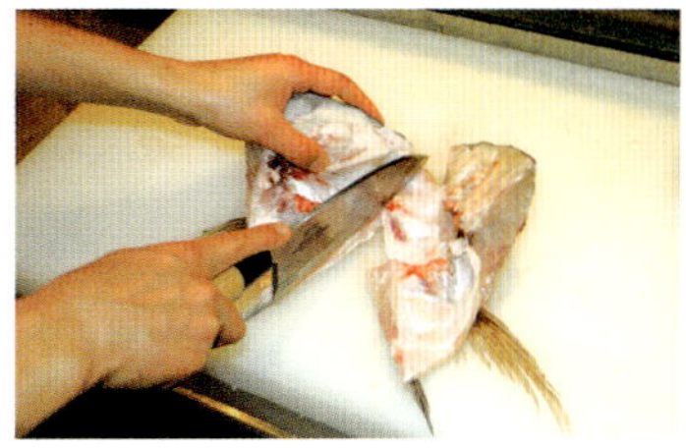

• 입을 위로 향하게 하고 앞 이빨 사이에 칼을 꽂아서 상수리 부분을 반으로 나눈다.
• 껍질 쪽을 도마 위에 올려놓고 턱 부분을 반으로 나눈다.

2) 광어 손질법(오로시 방법)

광어나 가자미 등과 같은 몸이 평평한 생선은 3장뜨기, 5장뜨기로 생선을 손질한다.

척추를 따라 자르기하여 지느러미 쪽으로 오로시하는 방법이 5장뜨기 방법이고, 주로 조금 큰 생선에 많이 사용하며, 3장뜨기는 한쪽 지느러미에서 다른 쪽 지느러미가 있는 부분까지 한 번에 오로시하는 방법을 말하며, 보통 작은 생선 등을 손질할 때 많이 사용된다.

(1) 광어 5장뜨기 방법

- 먼저 광어에 묻어 있는 점액질을 깨끗이 씻어낸 후 사시미칼을 이용해 앞뒤로 움직이면서 배쪽 비닐을 벗겨 낸다.

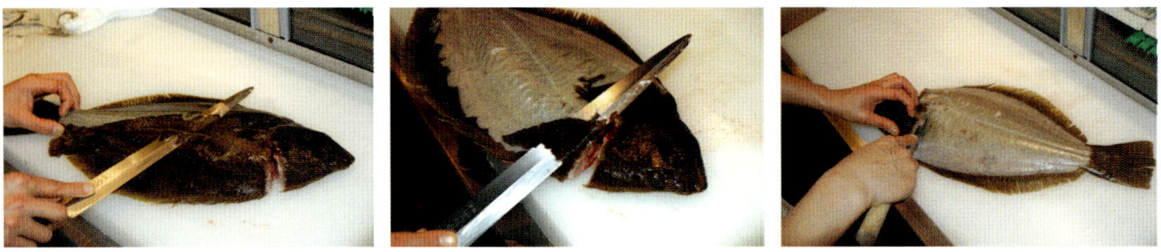

- 같은 방법으로 등쪽 비닐도 벗겨낸 후 머리 부분에 칼집을 낸다.

- 머리를 분리하면서 한꺼번에 내장을 제거한 후 물에 깨끗이 씻어 물기를 제거한다.
- 지느러미 윗부분의 살쪽에 사진처럼 양쪽에 칼집을 낸다.

• 같은 방법으로 등쪽에도 칼집을 넣고 머리 부분을 위쪽으로 향하게 하고 척추위에 똑바로 데바를 이용해 칼집을 넣는다.

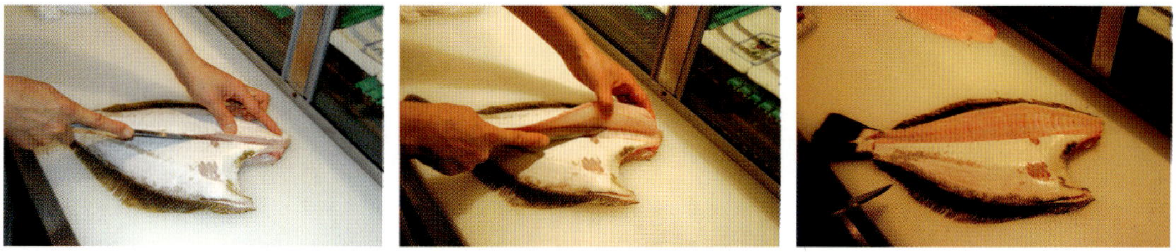

• 데바 끝을 옆으로 눕혀 중심에서 지느러미 쪽으로 칼날을 뼈에 밀착시켜 뼈에서 살을 발라낸다.

• 다른 한쪽은 꼬리부분을 위쪽으로 향하게 하고 같은 방법으로 오로시 한다.

• 등쪽도 배쪽과 동일한 방법으로 오로시 한다.
• 5장뜨기 완성 (뱃살 2장, 등살 2장, 뼈 1장)

(2) 광어 껍질 벗기는 방법

- 광어 지느러미살, 지아이부분, 갈비뼈를 제거한다.

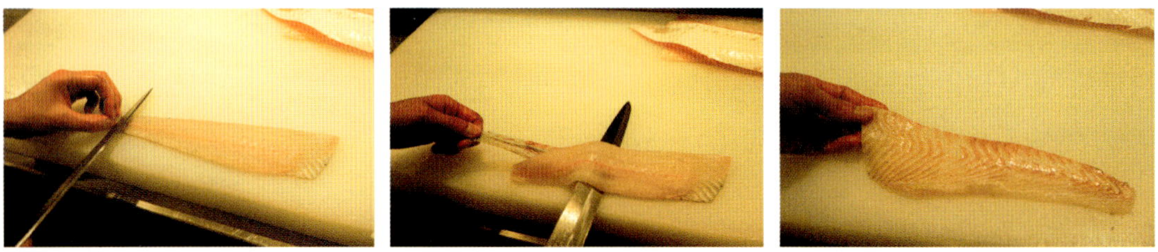

- 껍질쪽을 밑에 두고 꼬리를 왼쪽에 놓은 다음 칼을 눕혀 칼날을 오른쪽으로 향하게 하고 도마와 평행하게 밀착시켜 껍질과 살 사이에 칼을 넣는다.
- 껍질은 왼손으로 잡아당기면서 오른손에 잡은 칼은 오른쪽으로 밀쳐내듯 잡아당기며 껍질을 벗겨낸다.

8. 육류 손질법

1) 쇠고기

(1) 쇠고기 부위별 명칭

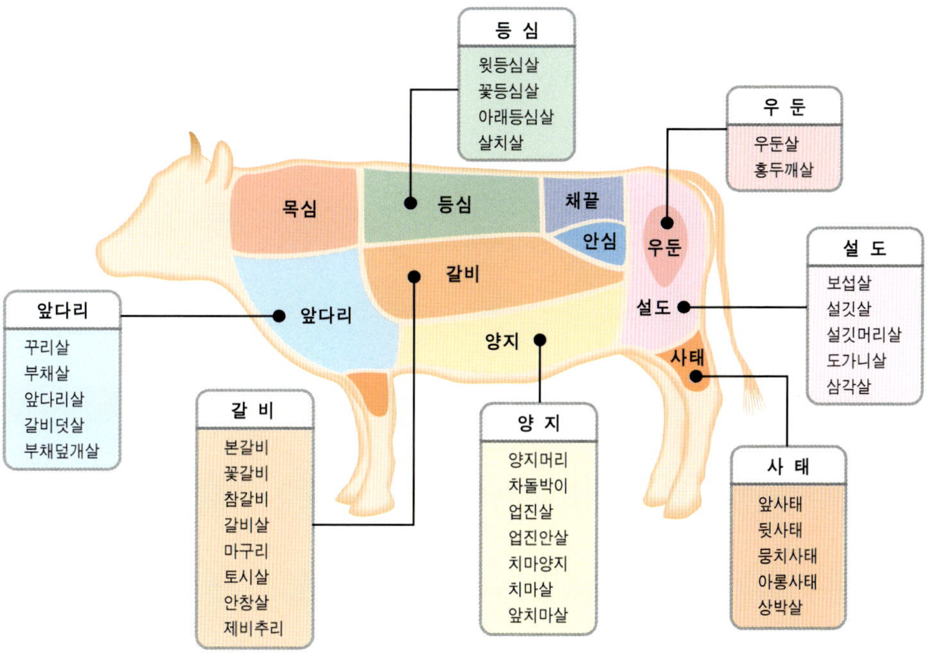

(2) 쇠고기 부위별 특징 및 용도

① 설도

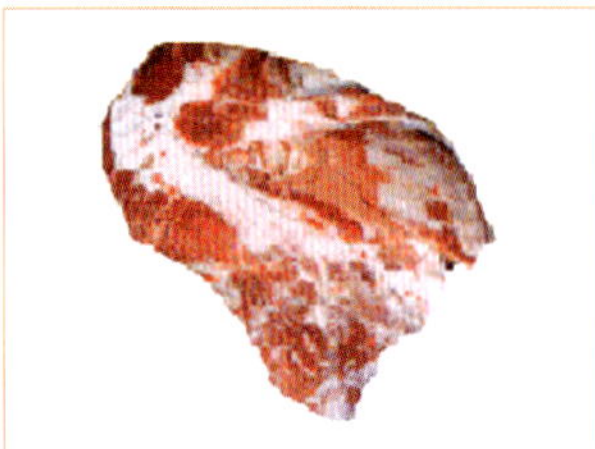

- 특징
  - 설깃, 도가니살, 보섭살로 구성되어 있음.
  - 고기질은 우둔과 유사하며 보섭살은 채끝과 연결되는 부분으로 풍미가 좋아 스테이크로도 이용할 수 있음.
  앞다리, 사태와 비슷한 특성이 있다.
- 용도 : 산적, 육포, 장조림

② 우둔

- 특징
  - 둥근모양의 살덩이로서 고기의 결이 약간 굵은 편이나 근육막이 적어 연한 편임.
  - 비육이 잘된 소의 우둔은 로스구이나 주물럭으로 이용할 수 있음. 지방이 적은편이며 살코기가 많다.
- 용도 : 산적, 장조림, 육포, 불고기

③ 채끝

- 특징
  - 단일근육으로 등심과 비슷한 모양에 스커트 모양의 치맛살이 포함됨. 고기의 결이 곱고 비육이 잘된 소의 채끝은 마블링이 있음.
  - 육질이 연하고 지방이 많이 있다.
- 용도 : 스테이크, 로스구이

④ 안심

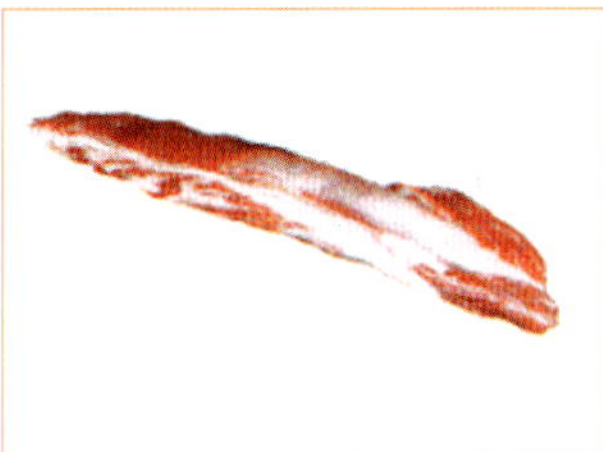

- **특징**
  - 고기의 조직이 부드럽고 연하며 겉면에 지방과 얇은 근막형성,
  - 등심 안쪽의 연한고기로 가장 최상품이다.
  - 고기결이 곱고 지방이 적어 담백하다.
- **용도** : 고급 스테이크, 로스구이, 전골

⑤ 갈비

- **특징**
  - 옆구리 늑골을 감싸고 있는 부위, 늑골은 13대이며 육질은 근육조직과 지방조직이 3중으로 형성되어 있으며 특이한 맛이 있음.
  - 조금 질길 수도 있으나 맛이 매우 좋은 고기임.
- **용도** : 불갈비, 찜, 탕, 구이

⑥ 양지

- **특징** : 앞가슴으로부터 복부 아래까지이며, 지방과 근막이 많이 형성되어 있으며 차돌박이가 포함. 오랜 시간 걸쳐 끓이는 조리를 하면 맛이 좋다. 국물 맛이 좋고 육질이 치밀하다.
- **용도** : 국거리, 스튜, 분쇄육

⑦ 등심

- **특징**
  - 비육이 잘된 소의 등심은 마블링이 많이 있어 풍미가 좋음.
  - 표피층은 지방층과 비교적 두터운 피막이 있고, 안쪽은 등뼈를 제거한 자국이 선명함.
- **용도** : 등심구이, 스테이크, 전골

⑧ 앞다리

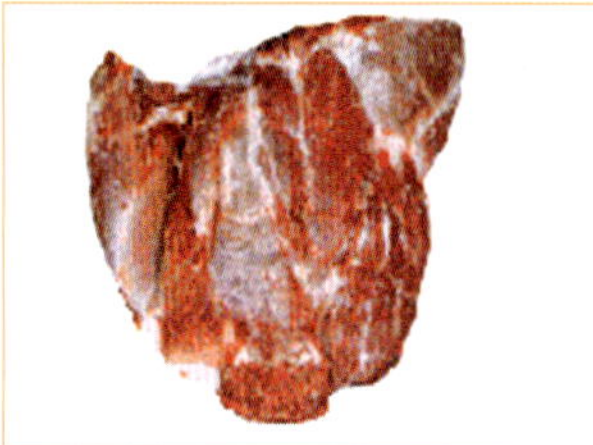

- **특징** : 안쪽에 어깨뼈를 떼어내면 넓은 피막이 나타나며 안심과 유사한 쐐기형의 살 뭉치가 달려 있다. 고기의 결이 곱고 힘줄이나 막이 많이 있어 부분적으로 약간 질긴 곳도 있으나 불고기용으로 손색이 없음.
- **용도** : 육회, 스튜, 탕, 장조림, 불고기조리

⑨ 목심

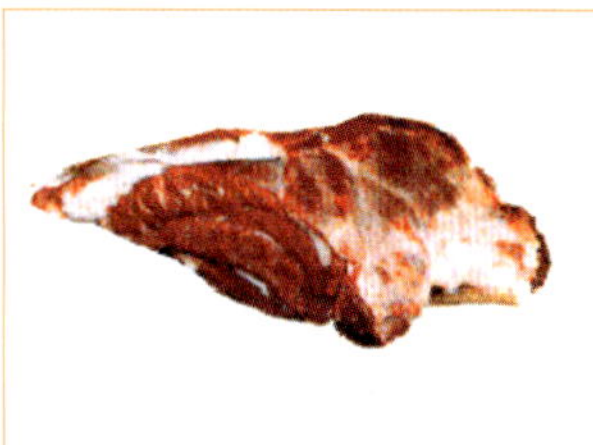

- **특징** : 목심에는 여러 개의 다양한 근육이 모여 있으며 두꺼운 힘줄이 여러 갈래로 표면에 나타난다. 약간 질기지만 지방이 적당히 있어 풍미가 좋은 편임.
- **용도** : 구이, 불고기, 스테이크

⑩ 기타 고기 부위

- **살치살**
  - 등심에서도 최상급인 꽃등심을 얻기 위해 분리한 살이다.
  - 근내지방이 잘 발달하여 구이나 스테이크용으로 쓰인다.

- **꾸리살**
  - 앞다리 살에서 분리되는 살로 고기가 질긴 편이다.
  - 따라서 얇게 썰어서 조리하면 제 맛이다.
  - 육회나 잡채용으로 좋다.

- **치마살**
  - 채끝 부위를 분할하거나 뼈를 발라낼 때 얻어지는 살코기다.
  - 결이 거칠지만 육질이 쫄깃쫄깃하고, 독특한 맛이 있어 구이나 국거리용으로 쓰인다.

- **마구리**
  - 불갈비 상품을 만들기 위해 제거하는 척추, 또는 가슴 부위의 살이다.
  - 살코기가 별로 없는 것이 특징으로 육수를 만들거나 갈비탕용으로 사용하면 그 맛을 제대로 느낄 수 있다.

- **제비추리**
  - 갈비 안쪽에 등뼈를 따라 가늘고 길게 이어진 원통형 모양의 부위다.
  - 생산량이 적어 특수 부위로 꼽는다.
  - 다른 부위에 비해 특히 고소하며 섬유질 방향이 일정해 직각으로 얇게 썰어 구이용으로 사용하면 좋다.

- **토시살**
  - 횡경막의 일부로 팔에 끼는 토시처럼 생겼다고 해서 붙여진 이름이다.
  - 척추에서 내장보를 붙잡고 있는 근육을 이르는데, 적당량의 지방을 포함하고 있고 육질이 부드러워 구이용으로 인기가 높다.

- **안창살**
  - 횡경막 부위의 살로 토시살과 함께 내장보를 붙들고 있는 근육이다.
  - 모양이 신발의 안창처럼 생겼다고 해서 붙여진 이름이다.
  - 생산량이 적어 희소가치가 높은 특수부위로 구웠을 때 쫄깃쫄깃한 맛을 느낄 수 있다.

(3) 안심부위별 명칭

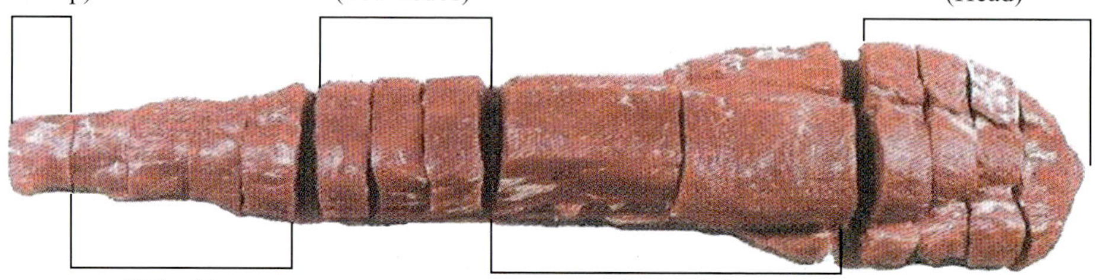

소의 등뼈 안쪽에 콩팥에서 허리부분까지 이르는 가느다란 양쪽부위를 말한다.

안심 자체는 지방이 거의 없고 부드러운 육질을 가지고 있기 때문에 쇠고기 중에서도 최고급으로 치며, 그 중에서도 샤또브리앙은 안심부위 중 가장 넓은 부분에 해당하는 것으로 스테이크의 백미라 할 수 있다. 19세기 프랑스의 귀족 작가였던 샤토브리앙의 이름에서 유래되었으며, 당시 샤토브리앙은 자신의 요리사 몽미레이유에게 안심을 가장 맛있게 구워 올 것을 지시 했으며, 구워온 안심 중에 가장 넓은 부분만을 맛있게 먹고 다른 부분은 남기었다. 이것이 세상에 알려지면서 그 귀족의 이름을 따 샤토브리앙으로 불리게 된 것이라고 한다.

(4) 한국산 쇠고기 등급 분류

쇠고기의 등급은 육질등급과 육량등급으로 구분하여 판정한다.

육질등급은 근내지방도(마블링), 육색, 지방색, 조직감, 성숙도에 따라 1+, 1, 2, 3등급으로 판정하는 것으로 소비자가 고기를 선택하는 기준이 되며, 육량등급은 도체에서 얻을 수 있는 고기량을 도체중량, 등지방두께, 등심단면적을 종합하여 A, B, C등급으로 판정한다.

① 1+등급

식육판매 표시판에 1+등급 또는 특상등급(1+)으로 표시되며, 살코기 속에 지방이 골고루 많이 분포되어 있고, 고기의 색과 광택, 지방의 색 및 탄력성과 윤기 등이 특히 좋은 고기를 말한다.

② 1등급

식육판매 표시판에 1등급 또는 특상등급(1)으로 표시되며, 1+등급과 같으나 살코기 속의 지방분포가 1+등급보다 다소 적은 고기를 말한다.

③ 2등급

식육판매 표시판에 2등급 또는 상등급으로 표시되며, 살코기 속에 지방분포가 보통이고, 고기의 색과 광택, 지방의 색 및 탄력성과 윤기 등이 보통인 고기를 말합니다.

④ 3등급

식육판매 표시판에 3등급 또는 중등급으로 표시되며, 살코기속에 지방이 다소 부족하고 고기의 색과 광택, 지방의 색 및 탄력성과 윤기 등이 다소 떨어지는 고기를 말합니다.

⑤ 등외등급

살코기 속에 지방이 없거나, 있더라도 고기의 색과 광택, 지방의 색 및 탄력성과 윤기 등이 좋지 않은 고기로 노폐우 고기 등이 이에 속합니다.

2) 돼지고기

돼지고기는 부위별 육질의 차이가 심하지 않고 가격과 품질도 안정되어 있으며 단백질과 비타민 등이 풍부하다.

(1) 돼지고기의 부위별 명칭

(2) 돼지고기의 부위별 특징 및 용도

① 목심

- 용도 : 로스구이, 불고기, 보쌈 등
- 특징 : – 등심에서 목쪽으로 이어지는 부위로서 여러 개의 근육이 모여 있다.
  – 근육막 사이에 지방이 적당히 박혀 있어 풍미가 좋다.

② 등심

- 용도 : 돈까스, 스테이크, 로스구이, 폭찹
- 특징 : 등 표피쪽에 길게 형성된 단일근육으로 고기의 결이 곱고 지방이 없는 편이라 맛이 단백하다. 그냥 먹기엔 매우 퍽퍽한 부위이므로 주로 기름기 없는 카레, 자장, 돈까스용으로 많이 쓰인다.

③ 갈비

- 용도 : 불갈비, LA갈비, 갈비찜
- 특징 : 옆구리 늑골(갈비)의 첫번째부터 다섯번째까지를 말하며 육질이 쫄깃쫄깃하며 풍미가 뛰어나다.

④ 삼겹살

- 용도 : 로스구이, 수육, 구이, 베이컨
- 특징 : 근육의 지방이 삼겹으로 층을 이루고 있는 복부 근육으로서 육질이 부드럽고 풍미가 좋다.

⑤ 안심

- 용도 : 탕수육, 바베큐, 로스구이, 스테이크, 돈까스
- 특징 : 허리부분 안쪽에 위치하며, 안심 주변은 약간의 지방과 밑변의 근막이 형성되어 있고 육질이 부드럽고 연하다. 등심과 마찬가지로 기름기가 없으며 용도 역시 비슷하게 카레, 자장, 돈까스용으로 쓰이고 장조림에도 쓰인다. 부위도 조금 나오고 부드럽기 때문에 등심보다 조금 높은 가격이다.

⑥ 사태

- 용도 : 보쌈, 수육, 찌개
- 특징 : 사태는 사람으로 말하면 즉 팔, 다리 근육, 알통을 말하며 앞사태(아롱사태)와 뒷사태로 나눠진다. 아롱사태는 앞사태를 말하며, 족발부위로 많이 들어가며 보쌈, 수육으로 좋다. 특징이라면 기름기가 없는 반면에 육질이 쫄깃한 맛을 느끼게 해주기에 기름기 싫어하는 사람이 좋아한다. 찌개에도 사태를 넣으면 쫄깃한 맛을 느낄 수 있다. 뒷사태도 용도는 비슷하나 아롱사태에 비해 약간 더 퍽퍽한 쪽이다.

⑦ 앞다리

- 용도 : 불고기, 찌개, 보쌈, 완자, 만두속
- 특징 : 어깨부위의 고기로서 근육이 잘 발달되어 있고 지방이 적어 다용도로 조리할 수 있음.

⑧ 뒷다리

- **용도** : 돈까스, 장조림, 탕수육, 불고기
- **특징** : 볼기부위의 고기로 살집이 두텁고 지방이 적어 담백한 맛을 내는 요리에 적합함.

(3) 돼지고기 특수부위

① 항정살

돼지 목살과 앞다리 사이에서 손바닥 정도의 크기로 조금 밖에 안나오며 마블링이 좋아 매우 부드러우며 쫄깃한 부위, 천겹살이라 부르기도 한다.

② 가브리살

가브리살은 목살과, 등심 사이에서 항정살과 마찬가지로 손바닥 정도의 크기밖에 안나오며, 맛과 모양이 항정살과 비슷하여 일반인은 구별하기 조금 어렵다. 다른 점은 가브리살이 항정살에 비해 약간 색이 더 붉다.

③ 갈매기살

갈매기살은 사람으로 말하자면 횡경막을 말하는데 지방이 가장 없는 부위이며 한 마리에 단 두 줄만 나온다.

갈매기살을 쇠고기로 착각하는 경우가 가끔 있으며, 맛은 연하고 부드럽다.

④ 토시살

갈매기살과 비슷하나 갈매기살보다 육질이 약간 떨어진다. 토시살 역시 부위가 너무 적게 나와서 일반적으로 토시살만 파는 곳이 거의 없다.

⑤ 꽃살

흔히 등심 부위로 알고 있지만 목살을 뜻한다. 목살 중에 동글동글한 모양이 꽃과 같다 해서 꽃살이라 부르기 시작했다.

9. 가금류 손질법

1) 닭 부위별 손질법

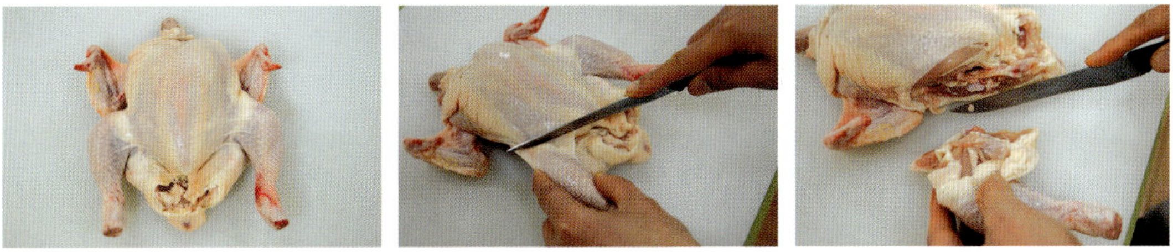

- 닭다리를 왼손으로 잡고 사진과 같이 다리를 분리해낸다.

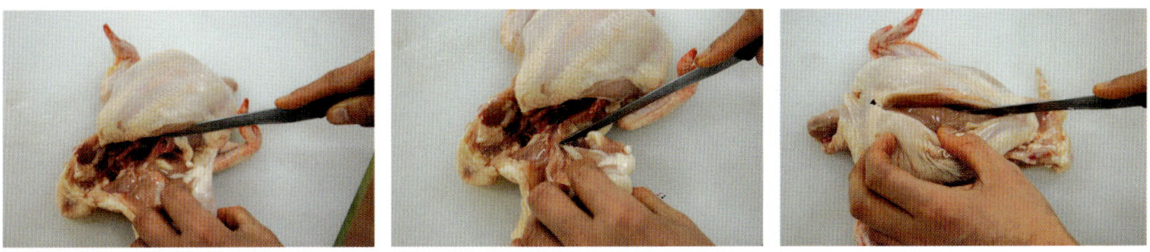

- 같은 방법으로 다른 닭다리도 분리해낸다.
- 닭의 가슴 중앙에 칼집을 넣는다.

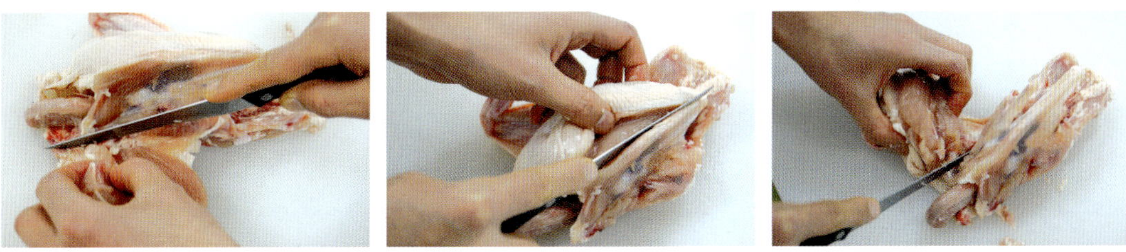

- 왼쪽가슴살과 날개를 붙여 한꺼번에 분리해낸다.
- 다른 한쪽도 같은 방법으로 분리해낸다.

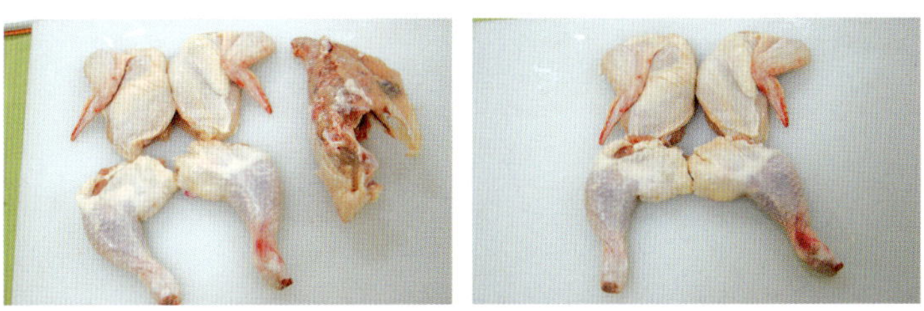

- 가슴살과 날개, 닭다리, 뼈 등으로 분리해낸 사진

2) 닭다리 손질법

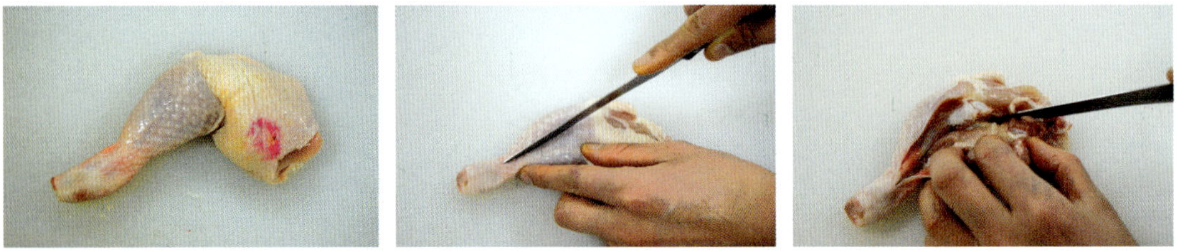

- 왼손으로 닭다리를 잡고 칼끝을 이용해 사진과 같이 뼈 안쪽에 칼집을 넣는다.

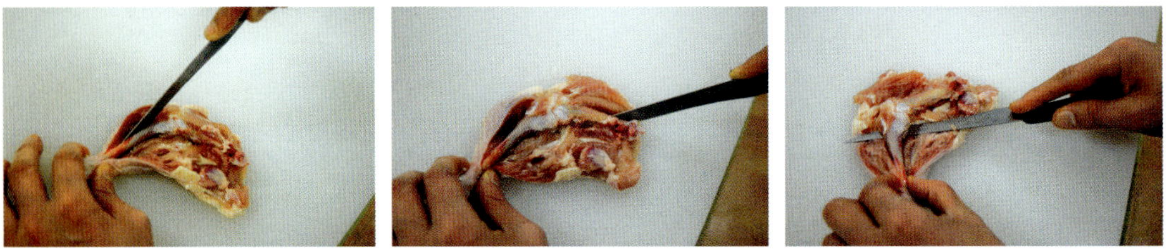

- 뼈 밖의 쪽에도 사진과 같이 칼집을 넣어준다.
- 뼈와 살 사이 칼을 넣어 분리해낸다.

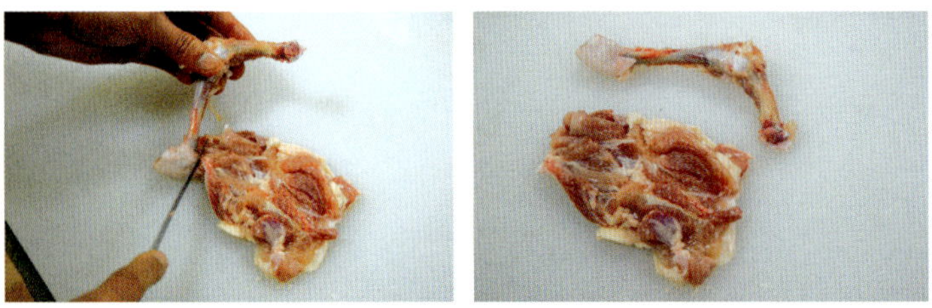

- 뼈를 잘라낸다.
- 완성된 사진

3) 닭 가슴살과 날개 손질법

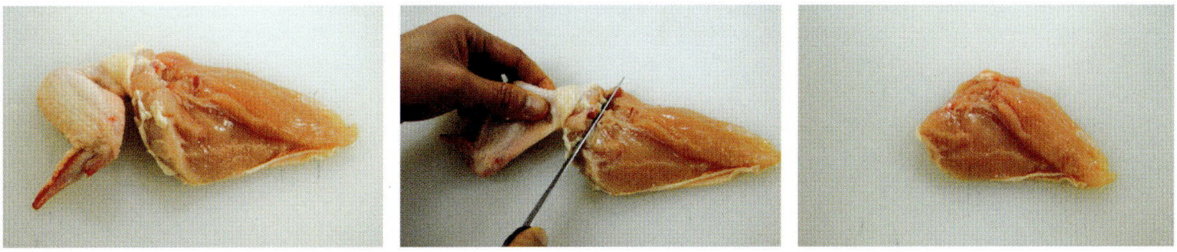

- 먼저 날개부위를 왼손으로 잡고 가슴살을 분리해낸다.
- 가슴살에도 살 쪽 부분에 안심이 있으므로 따로 분리해낸다.

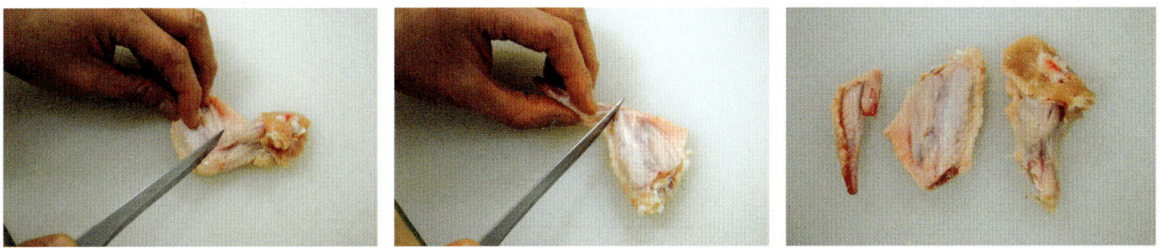

- 날개부분을 3등분(날개봉, 날개중앙, 날개끝) 한다.

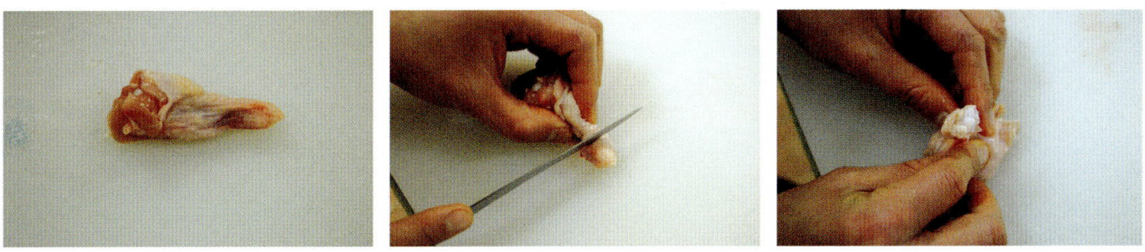

- 날개봉의 밑에 칼집을 넣고 사진과 같이 살을 밑으로 내려준다.

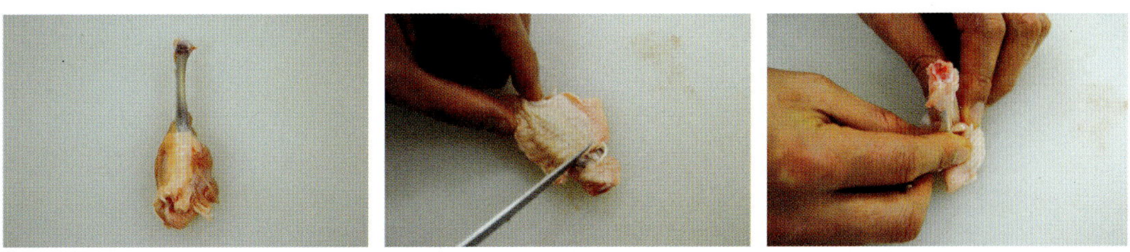

- 날개봉 완성된 모습

- 날개 중앙에 있는 부분도 밑에 칼집을 넣고 사진과 같이 살을 밑으로 내려준다.

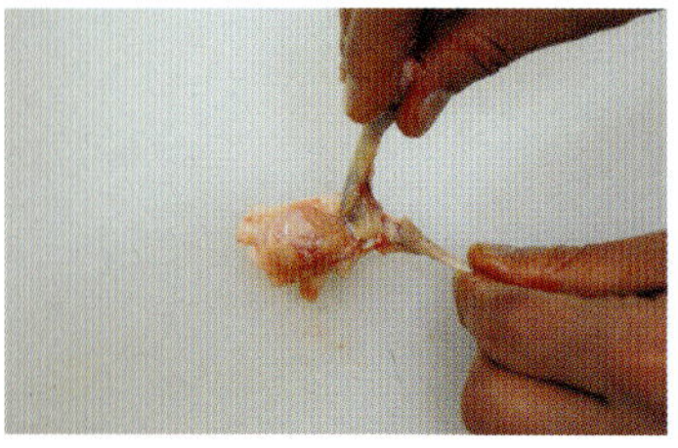

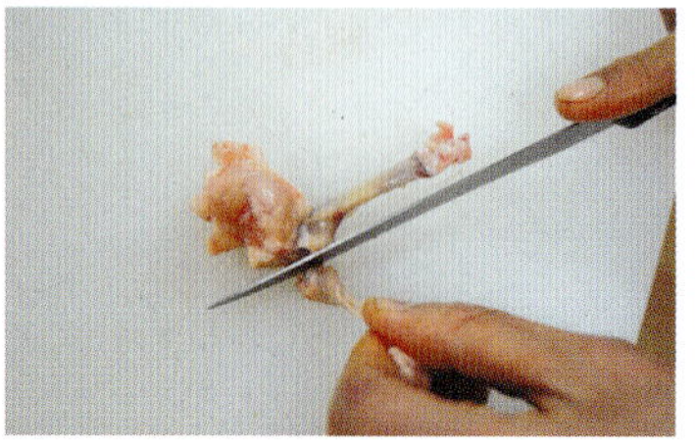

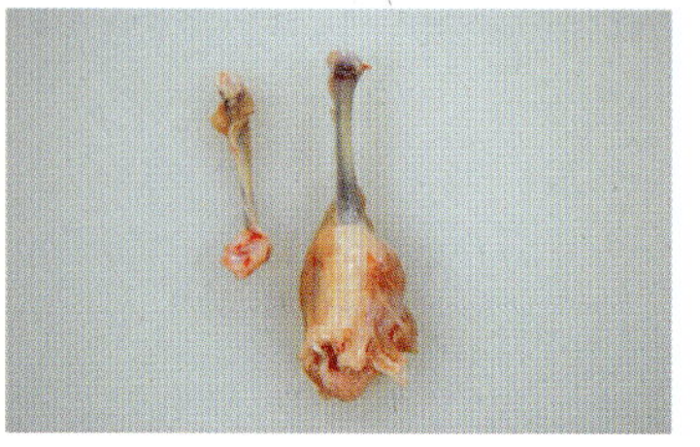

- 작은 뼈 하나를 제거한다.
- 완성된 모습

10. 과일 모양내기 및 담는 방법

1) 과일별 모양내기

과일을 자르는 방법에 따라 다양한 연출을 할 수가 있다. 산뜻한 색깔과 향기로운 과일을 다양한 방법의 형태적 기술을 익혀야 할 것이다.

(1) 메론

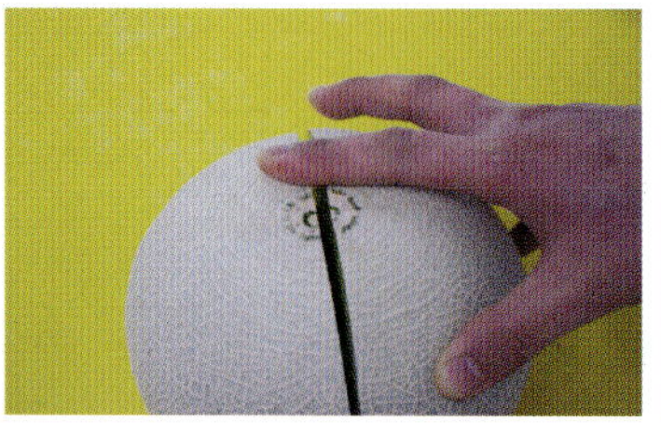

- 메론 꼭지의 쓴 부분을 제거한 후 반을 자른다.

- 가운데 씨를 깨끗이 제거하기 위해서는 먼저 칼로 위, 아래에 연결되어 있는 섬유질을 절단해 준다.
- 숟가락을 이용하여 씨를 제거한다.
- 반으로 자른 메론을 다시 4등분한다(메론 1개에 보통 8등분 이용).

① 메론 – A형

- 껍질과 과육 사이로 칼을 집어 넣어 과육을 자르되 마지막 3cm 정도는 남긴다(너무 껍질을 얇게 벗기면 단단한 부분까지 벗겨져 메론의 질감이 떨어진다).
- 껍질쪽 살을 다시 한 번 벗겨 안으로 말아준다.

- 완성된 메론

② 메론 - B형

- 1/8등분한 메론의 껍질과 과육 사이로 칼을 넣어 과육을 자른다.
  (너무 껍질을 얇게 벗기면 단단한 부분까지 벗겨져 메론의 질감이 떨어진다.)

- 한입 크기로 자르고 과육을 엇갈리게 놓는다.
- 완성된 메론

③ 메론 - C형

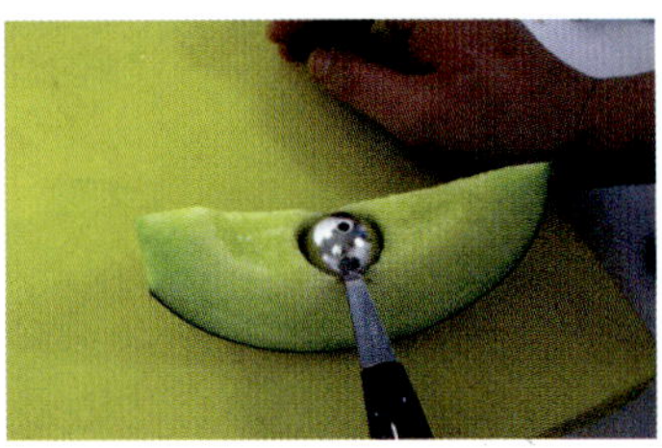
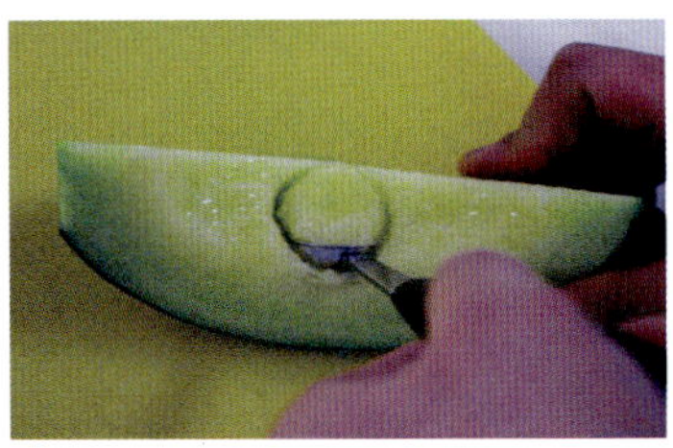
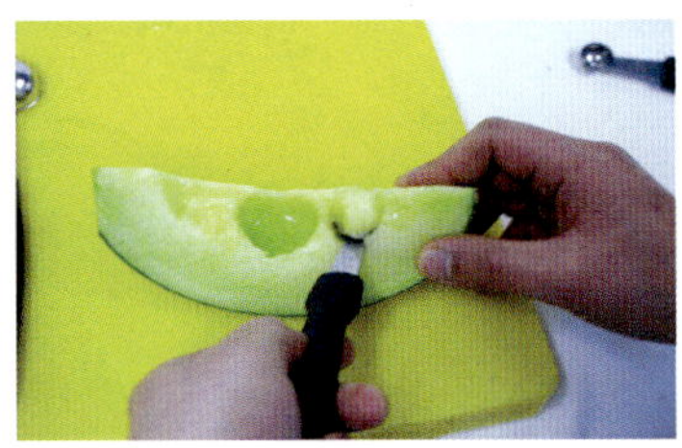

- 1/8등분한 메론을 스쿠퍼를 이용해서 파낸 다음 다시 올려놓는다.

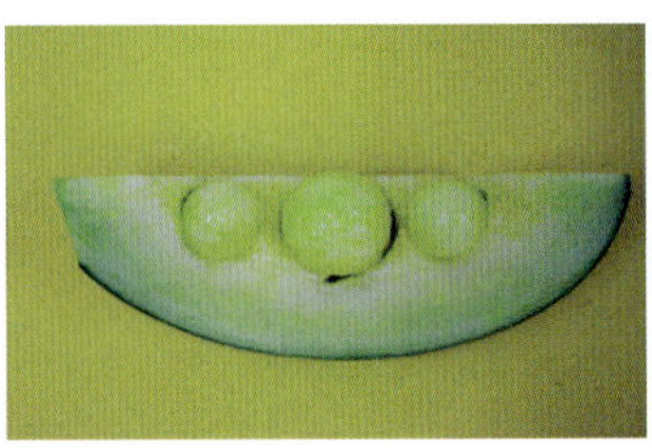

- 완성된 메론

④ 메론 – D형

- 1/8등분한 메론을 사선으로 자른다.
- 껍질 밑등을 조금 잘라 움직이지 않도록 한다.
- 껍질과 과육 사이로 칼을 넣어 과육을 자른다.

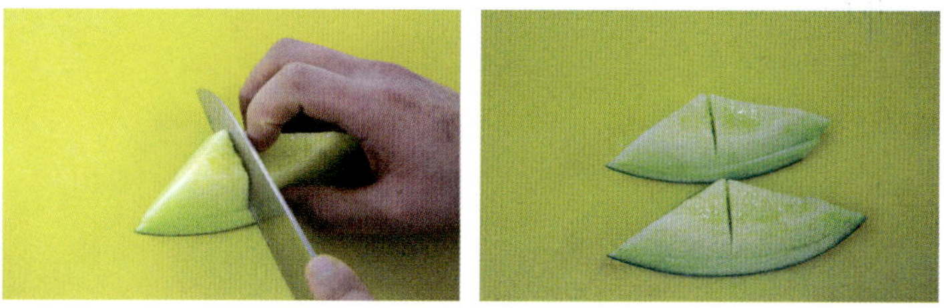

- 1/2등분 해준다.
- 완성된 메론

⑤ 메론 – E형

- 1/4등분한 메론을 다시 3등분 한다.
- 메론의 껍질과 과육 사이로 칼을 집어넣어 과육을 자른다.

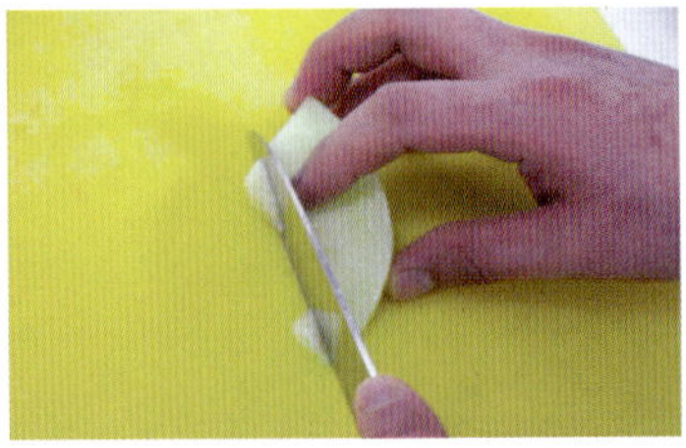

- 메론을 반으로 자르고 씨가 있는 쪽을 다듬고 밑 부분도 세울 수 있도록 평평하게 자른다.

(2) 파인애플

파인애플은 잎과 밑 부분을 완전히 제거하여 사용하는 방법과 잎을 붙여 자르는 방법 등으로 담아 낼 때 중심을 잡아주는 역할로 사용된다.

① 파인애플 – A형

- 파인애플은 잎과 밑의 지저분한 부분을 제거한 후 세로로 6등분 한다.
- 가운데 단단한 심을 자를 때 완전히 자르지 않고 약 3cm 정도 남겨놓고 자른다.

- 껍질과 과육 사이로 칼을 집어넣어 껍질과 과육을 분리한다.
- 분리한 과육을 한입 크기로 자른 후 다시 보기 좋게 담아낸다.

② 파인애플 – B형

- 반으로 자른 파인애플의 잎은 지저분한 부분만 제거한다.
- 다시 1/3등분(총 1/6등분)하고 가운데 심을 V자로 칼집을 넣는다.
- 완성된 파인애플

- 껍질과 과육 사이로 칼을 집어넣어 과육을 자른 후 심을 제거한다.
- 한입 크기로 자르고 과육을 엇갈리게 놓는다.
- 완성된 파인애플

③ 파인애플 – C형

- 파인애플은 잎을 제거하고 1/6등분으로 자르고 가운데 심을 제거한다.
- 반으로 자르고 껍질과 과육 사이로 칼을 집어넣어 과육을 자른다.

- 양 옆모서리의 지저분한 부분을 제거한다.
- 과육의 가운데에 V자로 모양을 내주고 한입 크기로 자른다.

(3) 바바나

① 바바나 – A형

- 바나나는 어슷하게 반으로 자른 후 껍질을 1/3정도 벗긴다.

② 바나나 – B형

- 바나나의 모양을 그대로 살린 채 껍질을 반 정도만 벗기고 과육만 한입 크기로 자른다.

③ 바나나 - C형

- 바나나를 양옆 5cm 정도 남겨 놓고 가운데를 자른다.
- 바나나를 어슷하게 반만 자른다.
- 뒤집어서 똑같은 칼 방향으로 나머지 반도 자른다.

(4) 배

① 배 - A형

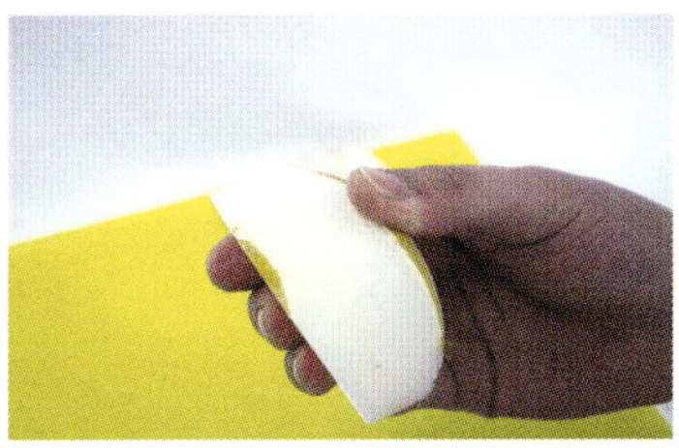

- 배는 6등분 반달 모양으로 자른 후 가운데 씨를 제거한다.
- 껍질을 전체적으로 벗기고 모서리의 잔여 껍질을 마저 벗긴다.

(주의: 껍질을 무리하여 한 번에 벗기면 과육이 과다하게 손실된다.)

- 어슷하게 자른다.
- 완성된 배

② 배 – B형

• 배는 6등분 반달 모양으로 자른 후 가운데 씨를 제거한다.

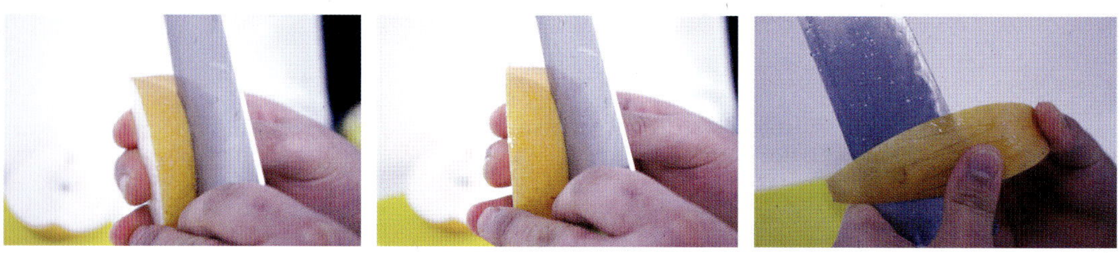

• 껍질에 V자 모양으로 칼집을 여러 번 넣고 껍질을 약 2/3정도 벗긴다.

• 껍질을 안쪽으로 말아 넣는다.
• 완성된 배

③ 배 – C형

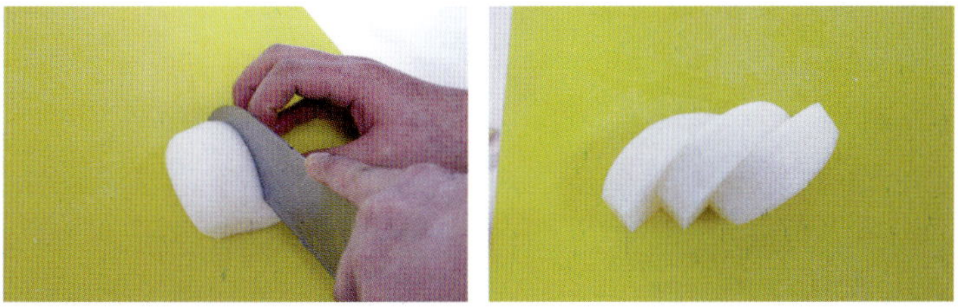

- 배는 6등분하여 가운데 씨를 제거한다.
- 껍질을 전체적으로 벗기고 모서리의 잔여 껍질을 마저 벗긴다.
  (주의: 껍질을 무리하여 한번에 벗기면 과육이 과다하게 손실된다.)
- 세로로 3등분 한다.

(5) 사과

① 사과 – A형

- 사과를 1/4등분하여 씨를 제거한다.
- 윗부분의 껍질을 약간 벗긴 후 세로로 3등분 하여 자른다.

② 사과 – B형

- 반으로 자른 사과를 다시 4등분 하여 씨를 제거한다.
- 사과 1/3지점의 껍질에 V자 모양(한쪽을 더 길게)으로 칼집을 넣는다.

• 껍질을 칼집 넣은 부분까지만 벗긴다.

③ 사과 – C형

• 반으로 자른 사과를 다시 4등분 하여 씨를 제거한다.
• 사과 중간 부분 껍질에 X자 모양으로 칼집을 넣는다.
• 양쪽 모두 껍질을 칼집 넣은 부분까지만 벗긴다.

④ 사과 – D형

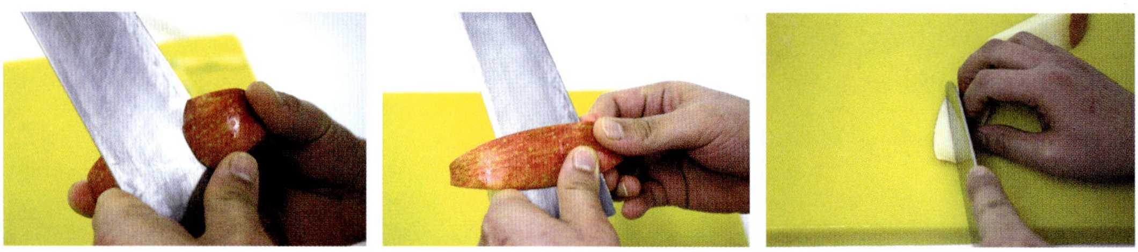

• 반으로 자른 사과를 다시 4등분 하여 씨를 제거한 후 1/3지점에 칼집을 넣는다.
• 껍질을 칼집 넣은 부분까지만 벗긴다.
• 잘린 껍질의 끝부분을 사선으로 자른다.

- 완성된 사과

(6) 오렌지

- 오렌지의 양쪽 꼭지를 모두 제거한다.
- 껍질을 나선형 모양으로 벗긴다.

- 벗긴 껍질을 반 정도 자르고 오렌지를 담을 그릇으로 만든다.
- 오렌지 과육을 한입 크기로 자른 후 껍질로 만든 그릇에 보기 좋게 담는다.

- 완성된 오렌지

(7) 자몽

• 자몽을 6등분하여 가운데 흰 부분을 제거한다.

• 껍질과 과육을 약 2/3정도 자르고 다시 한 번 흰 속껍질을 잘라낸다.

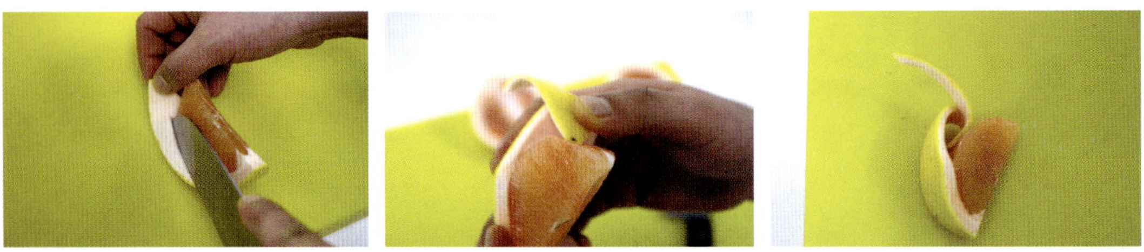

• 겉껍질에 사선으로 칼집을 넣고 안쪽으로 말아 넣는다.

(8) 귤

① 귤 – A형

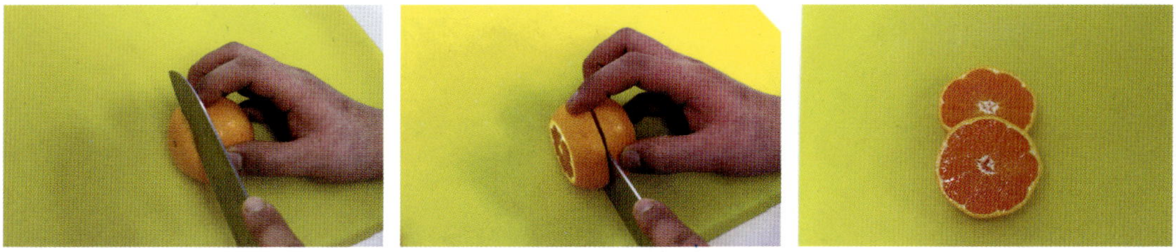

- 귤의 양쪽 끝부분을 제거한다.
- 반으로 자른다.

② 귤 – B형

- 귤을 반으로 잘라서 양쪽 끝부분을 제거한다.

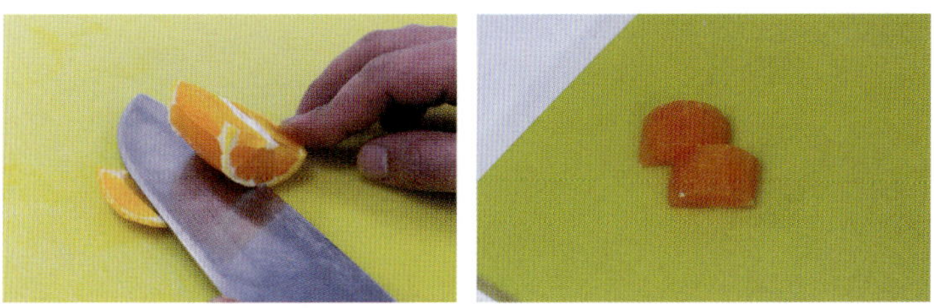

- 한 번에 껍질을 벗겨낸 후 이등분한다.

③ 귤 – C형

- 귤을 반으로 잘라 껍질 중앙에 세로로 칼집을 넣는다.
- 다시 1/2지점에 양쪽 끝을 남기고 세로로 칼집을 중앙에만 넣는다.

- 껍질을 반만 벗겨낸 후 과육의 중앙에 가로로 칼집을 넣고 껍질을 펴준다.

(9) 감

① 감 – A형

- 감의 꼭지를 제거한 후 6등분한다.
- 꼭지쪽의 하얀 부분을 제거한다.

• 껍질을 약 3/4정도까지 벗기고 2/3지점에서 껍질만 사선으로 자른다.
• 자른 껍질을 반대로 하여 껍질과 과육 사이에 끼운다.

② 감 – B형

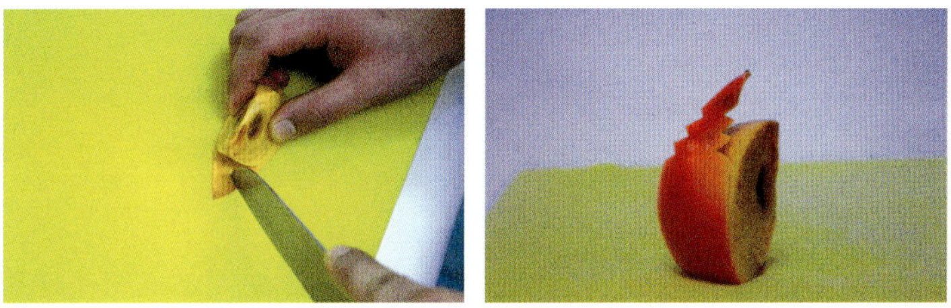

• 감의 꼭지를 제거한 후 6등분한다.
• 꼭지쪽의 하얀 부분을 제거한다.
• 껍질을 1/3만 벗기고 껍질 가에 사진처럼 모양을 낸다.

(10) 키위

① 키위 – A

• 키위는 상단 꼭지 끝에 심이 있어 전부 자르지 않고 반 정도만 자르다가 심을 중심으로 칼을 돌려가며 심을 제거한다.

- 껍질을 6각에서 8각의 모양으로 2/3 정도씩만 벗긴다.
- 껍질을 안쪽으로 말아서 모양을 낸다.

② 키위 - B형

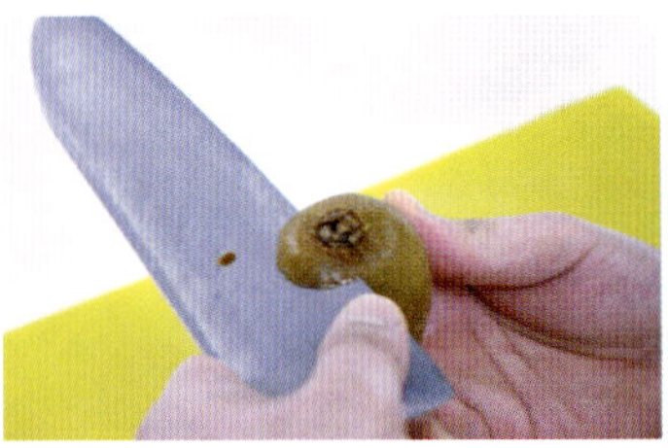

- 키위의 양쪽 꼭지를 모두 제거한다.

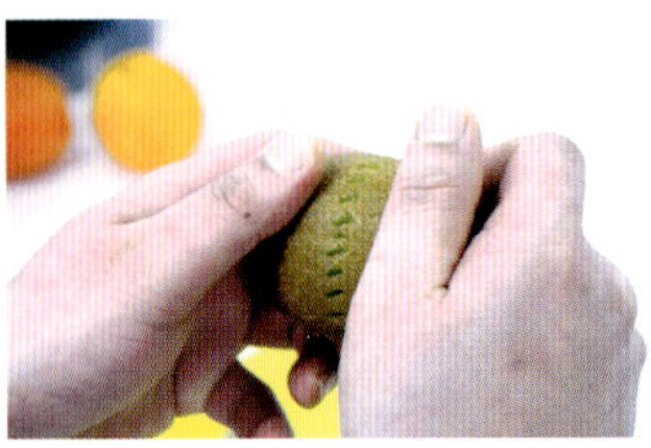

- 키위의 1/2지점에 카빙용 얇은 칼을 이용하여 키위를 돌려가며 톱니 모양으로 칼집을 넣고 반으로 자른다.

③ 키위 – C형

- 꼭지를 제거하여 2㎝ 두께로 둥글게 자른다.
- 껍질은 벗기듯 돌려 깎다가 끝부분만 조금 남긴다.

(11) 딸기

① 딸기 – A형

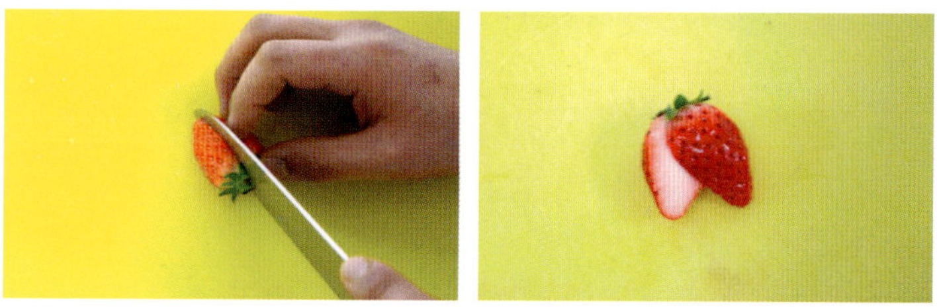

- 딸기는 잎을 떼지 않고 반으로 자른 후 겹쳐서 놓는다.

② 딸기 – B형

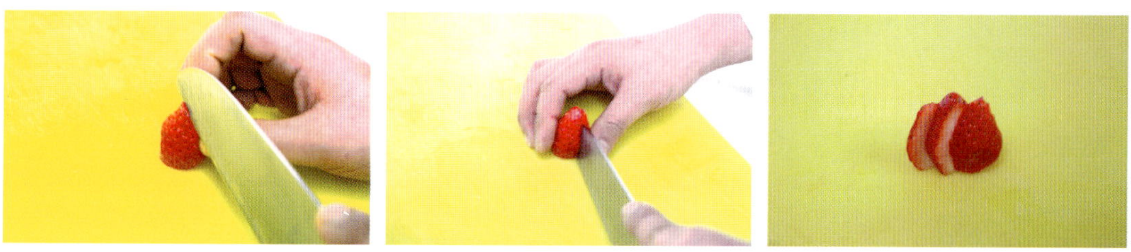

- 딸기는 잎을 자르고 3등분하여 겹쳐 놓는다.

(12) 포도

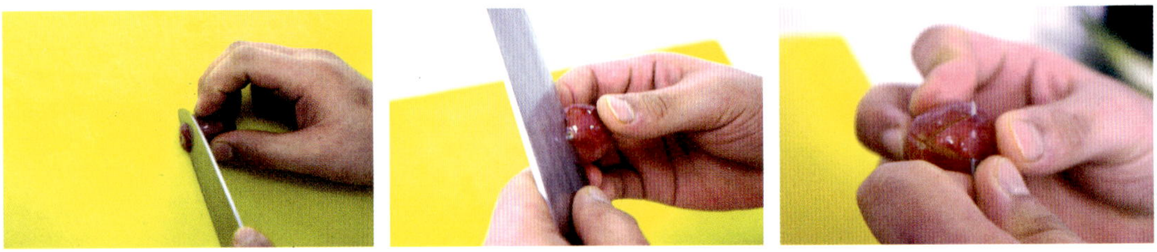

• 포도는 밑 부분을 평평하게 자르고 위부분에 *모양으로 칼집을 넣는다.

• 칼집을 따라 껍질을 1/2만 벗긴다.

2) 과일 담는 방법

모양내는 것도 중요하지만 어떤 형태로 담느냐에 따라 여러 가지의 모양이 연출되기도 한다. 과일색의 조화 및 균형 등을 고려해서 담아야 보다 아름답게 연출을 할 수 있는 방법일 것이다.

그릇에 과일을 담을 때 가장 중요한 포인트는 과일 중에 상대적으로 큰 것을 선정하여 중심을 잡아서 담는 것이다(ex 수박, 파인애플, 메론 등).

(1) 모듬 과일 - A형

✲ 담는 순서 : 파인애플, 메론, 배, 바나나, 키위, 사과, 감, 빨기

(2) 모듬 과일 - B형

✲ 담는 순서 : 파인애플, 메론, 오렌지, 감, 키위, 밀감, 포도, 배, 사과, 딸기

(3) 모듬 과일 - C형

✲ 담는 순서 : 파인애플, 메론, 딸기, 키위, 포도, 사과

11. 조리기구 손질법 및 사용방법

1) 후라이팬 다루는 방법

재료를 팬 중앙에서 조금 앞쪽에 놓고, 팬을 순간적으로 당기면 후라이팬 안에 있던 재료는 한 바퀴 돌아 뒤집힌다. 이때 팬의 온도가 너무 낮으면 안에 있던 재료가 움직이지 않거나 한 바퀴 돌지 않는다.

또한 코팅이 되지 않은 팬을 처음 사용할 때에는 팬에 기름을 붓고 천천히 오랫동안 가열한 후에 사용해야 길이 잘 들어 눌어붙지 않는다.

2) 강판 사용방법

무나 생강, 와사비 등을 강판에 갈 때에는 반드시 돌리면서 갈아 주어야 한다. 그래야 야채에 있는 섬유질이 파괴되어 곱게 갈린다.

특히 와사비를 갈 때에는 돌리면서 갈아야 매운맛이 더 강하게 난다.

3) 초밥통 보관방법

나무로 만들어진 초밥통(おひつ)이나 초밥을 비비는 나무통(はんだい)은 사용하기 전에 충분히 물을 적신 후 사용해야 밥알이 통에 묻지 않으며, 쓰고 난 후 보관할 때에는 잘 씻어 습기가 있는 곳에서 보관해야 한다.

너무 습기가 많으면 나무가 썩을 수 있으므로 장기 보관시에는 냉장고에 보관하는 것이 좋다. 나무로 만들어진 통이므로 건조하게 되면 수축해져 벌어지는 현상이 일어나게 되어 사용할 수가 없게 된다.

제3장

조리실무 기초 실기편

1. 계란요리
2. 면 삶는 방법
3. 밥 짓기
4. 야채 기본 처리 방법
5. 어패류 및 육류의 기본 처리방법

3 조리실무 기초 실기편

1. 계란요리

1) 오믈렛 만들기

작은 후라이팬을 이용해 휘저은 계란을 럭비공 모양으로 만드는 요리로, 계란요리 중에서 가장 기술적인 테크닉을 요한다. 양식요리사가 갖추어야 할 기본 기술이기도 하므로 많은 연습이 필요하겠다. 특히 만들 때에는 팬의 온도를 잘 조절해야 하며 굳기 전 적당한 시점에 둥글게 말아야 하므로 정확한 타임이 중요하다.

보통의 경우 계란 3개를 이용해 만들며, 들어가는 내용물과 소스에 따라 명칭이 달라진다.

• 믹싱볼에 계란 3개를 풀어 소금 2g과 우유 10ml 넣고 잘 섞어 고운체에 걸러 놓는다.
• 팬에 버터를 두른 다음 풀어 놓은 계란을 넣고 팬을 움직이면서 고르게 반숙이 되도록 나무젓가락으로 빠르게 잘 저어준다.

• 팬 앞쪽에 반숙된 계란을 모이게 하여 손잡이를 잡은 왼손의 팔목 부분을 툭툭 쳐주면서 타원형이 되도록 말아준다,

2) 다시마끼 만들기

양식의 오믈렛과 같이 일식에서도 기본이라 할 수 있는 계란요리로 기술적인 테크닉을 요하며 보기엔 쉬워 보이나 직접 만들어 보면 형태가 잘 나오지 않는 어려운 요리이면서 일식요리사가 갖추어야 할 가장 기본이 되는 기술이라 하겠다.

계란 10개, 다시 또는 우유 150cc, 설탕 40g, 소금 4g를 잘 혼합하여 고운체에 한번 걸어 낸 다음 만들기 시작한다.

- 팬을 달군 후 기름을 발라준다.
- 준비된 계란을 한 국자 넣어 준다.
- 부풀어 오르는 부위를 젓가락으로 꺼준다.

- 2/3정도 익으면 팬 앞쪽에서부터 세 번에 걸쳐 말아준다.
- 팬 앞쪽에서부터 기름을 바르고 뒤에 있던 계란을 앞으로 보내주고 뒷부분도 기름칠 해준다.

- 말아진 계란을 팬 앞쪽에 놓은 상태로 다시 한 번 풀어놓은 계란을 한 국자 붓고, 먼저 말아둔 계란 밑부분까지 스며들도록 젓가락으로 들어 올려준다.
- 2/3정도 익으면 같은 방법으로 말아준다.

- 팬 앞쪽에서부터 기름을 바르고 뒤에 있던 계란을 앞으로 보내주고 뒷부분도 기름칠 해준다.
- 말아진 계란을 팬 앞쪽에 놓은 상태로 다시 한 번 풀어놓은 계란을 한 국자 붓고, 먼저 말아둔 계란 밑부분까지 스며들도록 젓가락으로 들어 올려준다.
- 2/3정도 익으면 같은 방법으로 말아준다.

- 다시마끼 판을 이용해서 직사각형 모양으로 잡아준다.

3) 황 · 백지단 만들기

황 · 백지단은 매끈하고 곱게 부쳐 내는 것이 중요하다. 계란을 체에 걸러 사용하며 기름을 약간 두르고 페퍼타올을 이용해서 닦아낸 다음 약불에 만들어야 된다.

기름을 많이 사용하면 지단에 공기구멍이 생겨날 수 있다.

황색지단을 먼저 만들고, 백색지단을 만들어야 팬이 길들여져서 더 곱게 만들 수 있다.

2. 면 삶는 방법

1) 파스타

이탈리아에서 파스타는 밀가루로 만든 국수 종류를 모두 일컫는 말이다. 우리나라에서는 보통 스파게티라고 부르나 스파게티는 파스타의 한 종류일 뿐이다. 파스타는 끈기 있는 단백질인 글루텐을 많이 함유하고 있는 듀럼 밀(durum wheat)의 배아를 거칠게 갈아서 만든 세몰라(semola) 가루로 만든다. 우선 따뜻한 물과 혼합한 세몰라를 매끈하고 차지게 반죽한다. 반죽이 차지게 혼합되면 이것을 구멍 뚫린 형판에 통과시켜 원하는 모양을 만든다.

다양한 모양의 파스타는 특별한 형판으로 찍어내거나 반죽이 형판에서 나올 때 회전 칼로 잘라서 만든다. 모양을 만든 뒤에는 건조시켜 수분함유량을 12.5 % 이하로 줄인다. 건조과정은 매우 중요한 단계로 지나치게 빨리 건조되면 부서질 수 있고, 또 너무 느리면 반죽이 늘어나거나 곰팡이가 생길 우려가 있기 때문이다. 색깔있는 칼라파스타는 시금치, 당근, 토마토, 샤프랑, 오징어 먹물 같은 천연재료를 이용해 만든다. 파스타는 크게 건조파스타와 생파스타로 나눌 수 있다.

생김새에 따라서는 긴 국수모양의 롱파스타와 짧은 쇼트파스타로 나뉜다. 롱파스타에는 스파게티(Spaghetti), 링귀네(Linguine), 부카티니(Bucatini) 등이 있고 쇼트파스타에는 펜네(Penne), 파르팔라(Farfalle), 콘길리에(Conchiglie) 등이 있다. 우리가 흔히 보는 밀가루에 계란을 넣고 반죽해 만드는 생파스타는 탈리아텔레같은 칼국수형 파스타나 라자냐 등이 있다. 라비올리(Ravioli)나 토리텔리니(Tortellini) 같은 만두형 파스타도 생파스타를 이용해 만든다.

맛있는 파스타를 만들기 위해서는 기본적으로 두 가지가 중요하다. 첫째는 파스타를 맛있게 삶는 것이고, 두번째는 파스타 소스를 맛있게 만드는 것이다. 파스타 요리의 기본은 파스타인 만큼 그 중에서 파스타를 적당히 삶는 것이 무엇보다도 중요하다. 잘 삶은 파스타는 알덴테(al dente)라고 하여 잘라보았을 때 가운데에 바늘만큼 한 심이 남아 있는 정도까지 삶은 것이다. 알 덴테로 삶은 파스타는 씹었을 때 졸깃한 질감이 살아 있다.

(1) 파스타는 커다란 냄비에 충분한 물로 삶는다.

250g의 파스타를 삶기 위해서는 적어도 2리터의 물이 필요하다. 물의 양이 충분해야 파스타가 팽창하는 공간이 충분하고 서로 들러붙는 것을 막을 수 있다.

(2) 물이 끓고 나서 파스타를 넣는다.

냄비의 뚜껑을 덮고 물을 팔팔 끓인다. 물이 끓고 나면 소금을 1 작은술 정도 넣은 후 파스타를 넣는다. 파스타를 넣고 바로 젓가락 등을 이용해 휘저어 물에 잠기게 한다. 올리브유를 조금 넣기도 하는데 물의 양이 충분하다면 올리브유를 넣을 필요가 없다. 만약 큰 냄비가 없다면 올리브유를 넣는 것도 면이 서로 들러붙는 것을 방지할 수 있는 한 방법이다.

(3) 제일 중요한 것은 시간을 지키는 일이다.

파스타를 알 덴테로 삶는 가장 중요한 방법은 바로 삶는 시간을 지키는 일이다. 모든 파스타는 포장되어 있는 봉지에 삶는 시간이 반드시 써져 있다. 알아보기 쉬운 곳에 써져 있으므로 반드시 시간 확인하여 알 덴테(al dente, 잘라보았을 때 가운데에 바늘만큼 한 심이 남아 있는 정도)까지만 삶는다.

(4) 물에 절대 헹구지 않는다.

우리나라의 국수는 삶고 나서 물로 헹구지만 파스타는 절대 물로 헹구지 않는다. 다 삶고나면 체에 걸러 물기만 제거한다. 만약 파스타를 삶고 난 후 바로 사용하지 않을 경우에는 파스타에 올리브유를 조금 뿌려 섞어 놓으면 서로 들러붙는 것은 방지할 수 있다.

(5) 생파스타 삶는 방법

생파스타는 마른 파스타보다 삶기가 쉽다. 끓는 물에 넣고 끓이면 다 익었을 때 떠오르므로 그 때 체에 걸러 물기를 제거하면 된다.

2) 국수, 우동, 소바, 냉면

(1) 찬물을 2~3회 정도 나눠 붓는다

면의 양의 5배 정도의 물이 팔팔 끓을 때 면발을 휘저으면서 삶아야 면이 서로 얽히지 않는다. 이때 거품이 생기면서 물이 끓어오를 때 찬물을 붓는다. 2~3회 정도 반복하여 삶아낸다.

(2) 소금을 1~2작은술 넣어 삶는다.

쫄깃한 면발도 중요하지만, 어느 정도 간이 되어 있으면 맛을 더할 수 있다.
2인분 기준의 면을 삶을 때 1~2작은술 가량의 소금 양이 적절하다.

(3) 얼음물에 담가서 면에 탄력을 준다.

삶은 면에 전분기가 남아 있으면 면발이 끈적거리면서 맛이 없어진다.
삶은 면을 재빨리 찬물에 넣고 여러번 비벼 씻어 전분기를 없애야 쫄깃한 면발이 만들어진다.

3. 밥 짓기

(1) 흰밥

밥을 지을 때는 대개 쌀 부피의 1.2배, 쌀 무게의 1.5배 가량 물을 붓지만 쌀의 수분 함량과 밥 짓는 용기의 종류, 불의 세기 등에 따라 조절한다. 여름에는 30분, 겨울에는 1시간 동안 쌀을 물에 불린 다음 밥을 지으면 밥맛이 좋아진다. 무쇠 솥이나 돌솥 등으로 밥을 지을 경우 처음에는 센 불로 끓이다가 한소끔 끓어오르면 중간 불로 낮추고 쌀알이 퍼지기 시작하면 약한 불로 뜸 들인다.

(2) 보리밥

쌀에 보리쌀을 섞거나 보리쌀만으로 밥을 짓는다. 보리쌀은 통보리와 압맥, 할맥 등으로 나뉘는데, 통보리는 푹 퍼지게 삶은 후 쌀과 함께 밥을 짓는다. 압맥이나 할맥은 깨끗이 씻은 후 곧바로 밥을 지어도 된다. 쌀과 보리쌀을 솥에 안칠 때는 보리쌀을 먼저 깔고 그 위에 쌀을 얹는다. 물은 흰밥을 지을 때보다 약간 적게 잡는다.

(3) 팥밥

쌀에다 팥을 섞어 짓는다. 팥밥을 짓는 방법은 여러 가지 있지만 대개 통팥을 삶아 쌀과 함께 섞어 짓는다. 말린 팥은 터지지 않을 정도로 삶으며 흰밥 짓는 요령으로 짓는다.

(4) 콩밥

멥쌀에 콩을 섞어 짓는다. 말린 콩은 따뜻한 물에 5시간 정도 불리고 풋콩은 곧바로 쌀과 함께 섞어 흰밥 짓듯이 한다. 콩밥은 영양분이 많을 뿐 아니라 담백한 맛이 뛰어나 별미밥으로 식탁에 자주 올랐다. 최근 콩에 암을 예방하는 성분이 있는 것으로 밝혀지면서 콩밥이 건강식으로 인기를 끌고 있다.

(5) 현미밥

벼의 겉겨만 벗겨낸 현미로 짓는다. 현미는 물을 더디게 흡수하므로 약 2~3시간 동안 불린 다음 밥을 짓는 것이 좋다. 부드럽고 맛있는 밥을 짓기 위해서는 보통 밥솥보다 압력 밥솥을 이용한다. 압력 밥솥이 없을 경우 뚜껑이 두껍고 무거운 솥이나 냄비를 사용하여 밥물은 현미의 1.2배 정도 붓는다. 밥짓는 방법은 흰밥 짓는 요령과 비슷하지만 10분 동안 충분히 뜸을 들여야 한다. 현미밥은 흰밥에 비해 소화가 잘 되지 않지만 암과 고혈압 등 성인병의 예방과 치료에 효과가 있는 것으로 밝혀지고 있다.

(6) 오곡밥

쌀을 포함하여 보리, 조, 콩, 기장 등 다섯 가지 잡곡으로 짓는다. 지방에 따라서 찹쌀과 차수수, 차좁쌀, 붉은팥, 검정콩 등을 넣어 맛을 더하기도 한다. 오곡밥을 짓기 위해서는 잡곡을 섞지 않고 성질에 따라 불리거나 삶아 따로 준비해둔다. 무쇠 솥에 오곡밥을 지을 때는 제일 밑에 콩을 안치고 그 위에 멥쌀, 팥, 기장 순으로 놓는다. 밥이 끓기 시작하면 점차 불을 줄이고 기장을 안친 다음 오랫동안 뜸을 들인다. 한꺼번에 밥을 많이 지을 경우 시루에 찌는 게 좋다. 시루에 찔 때는 물을 뿌리거나 한번 삶은 곡식만 이용하고 밥을 짓는 동안 가끔씩 찬물을 뿌리며 쪄낸다. 시루에 찔 때는 멥쌀을 넣지 않는다.

4. 야채 기본 처리 방법

1) 죽순은 쌀뜨물에 삶아야 부드럽고, 맛과 향을 잃지 않는다.
2) 토란줄기를 데칠 때 식초를 넣고 삶으면 아린 맛이 제거된다.
3) 가지를 색깔 좋게 데칠 때는 명반과 소금물에 삶는다.
4) 무를 삶을 때 쌀을 약간 넣고 삶으면, 무의 아린 맛이 없어지고 모양이 변하지 않는다.

5) 콩을 부드럽게 삶기 위해서는, 콩을 소다수에 담가두었다가 데친다.
6) 연근은 식초나 명반을 약간 넣고 데치면, 색이 변하지 않는다.
7) 금귤이나 밀감의 껍질을 달게 조릴 때는, 재료를 강한 소금물에 하룻밤 담가둔 후 데치고, 다시 하루 동안 물에 담가서, 헹궈두었다가 달게 조린다. 이렇게 하면, 쓴맛은 빠지고 향기는 남는다.
8) 참깨의 껍질을 벗길 때는 물에 하룻밤 담가둔 후 손으로 잘 비비면서 껍질을 벗기고 물을 첨가하여 껍질을 씻어버리고 건조시킨다.

5. 어패류 및 육류의 기본 처리 방법

1) 생선의 냄새를 제거하려면, 생강즙에 담가 둔다.
2) 생선의 뼈를 연하게 하려면 술과 식초로 한번 익힌 다음 나중에 간을 한다.
3) 조개류의 모래를 뱉어내도록 할 경우에는, 바닷물 농도의 소금물을 만들어 담가 놓는다. 이때, 물의 양은 조금 적게 넣는다.
4) 뱀장어, 메기, 미꾸라지, 등 민물생선의 진흙을 내뱉게 할 경우에는, 고추를 조금 넣어 물에 풀어 넣는다.
5) 말고기를 익힐 때는 우유를 넣고 익히면 연해진다.
6) 전복, 문어는 무을 넣어 약한 불에서 천천히 데쳐야 연해진다.
7) 건어물을 연하게 익힐 때는, 잿물에 하루 동안 담가둔 후 데친다.

참 · 고 · 문 · 헌

최영진, 『和食』, 형설출판사, 2006.

全國調理師養成施設協會, 『調理用語辭典』, 調理榮養教育公社, 2000.

中村幸平/설성수옮김, 『調理用語辭典』, 다형출판사, 1999.

한국해양연구원, 『해양생물대백과』, 국제피알, 2004.

박지곡, 『조리기술』, 서민사, 2004.

안효주, 『이것이 일본요리다』, 여백미디어, 2002

최영진외 2명, 『일식 · 복어조리기능사조리산업기사실기시험문제집』, 백산출판사, 2004.

大田忠道, 『四季の刺身料理』, 旭屋出版, 2000.

早嶋 健, 『人氣のすし』, 旭屋出版, 2002.

山本昌之, 『漬け物百科』, 家の光協會, 2005.

小澤, 『すしの技 すしの仕事』, 柴田書店, 2000.

김원일, 『정통초밥요리』, 형설출판사, 1995.

박병학, 『일본요리』, 형설출판사, 2001.

佐竹宰始, 『京料理の裝い』, 柴田書店, 1993.

早嶋 健, 『和食の包丁技術人氣』, 旭屋出版, 2001.

阿部 保, 『日本料理技術大系』, ジャパンアート, 2001.

장명숙, 『최신실험조리』, 도서출판효일, 2004.

진양호, 『서양조리입문』, 지구문화사, 2004.

염진철외 5명, 『기초서양조리이론과실기』, 백산출판사, 2006

진양호, 『서양조리입문』, 지구문화사, 2004.

김기영, 『주방관리실무론』, 백산출판사, 2004.

김상철 · 안형기, 『조리실무개론』, 지구문화사, 2007.

최수근, 『조리실무론』, 대명사, 2006.

김은미 · 안선정, 『조리기술과용어』, 지구문화사, 2004.

윤덕인, 『식품과 조리과학』, 신광출판사, 2005.

김혜영 · 고봉경, 『식품조리과학』, 도서출판효일, 2004.

저/ 자/ 소/ 개

■ **최 영 진**

현 제주한라대학 호텔조리과 교수
조리기능장(일식전공)
부산 롯데호텔 근무
제주 롯데호텔 근무
조리산업기사/기능사 실기시험 심사위원

■ **강 윤 구**

현 제주 칼호텔 일식조리장
제주한라대학 호텔조리과 외래교수
조리산업기사/기능사 실기시험 심사위원
일본 도쿄 캐피탈도큐호텔 연수

■ **천 성 진**

현 제주 롯데호텔 조리장
제주한라대학 호텔조리과 겸임교수
조리산업기사/기능사 실기시험 심사위원
일본 오사카 리가 로얄호텔 연수

기초조리실무

2008년 3월 3일 인 쇄
2008년 3월 7일 발 행

著 者 최 영 진
강 윤 구
천 성 진
發行人 (寅製) 秦 旭 相
發行處 白山出版社
서울시 성북구 정릉3동 653-40
등록 : 1974. 1. 9. 제1-72호
전화 : 914-1621, 917-6240
FAX : 912-4438
http://www.baek-san.com
edit@baek-san.com

저자와 합의
인지첩부 생략

값 15,000원
ISBN 978-89-6183-048-5